环境经济预测系列研究报告
Environmental and Economical Forecasting Report

2020—2050年
迈向美丽中国的环境经济预测与形势分析研究报告

蒋洪强 张 伟 胡 溪 卢亚灵 段 扬 李 勃 等著

中国环境出版集团·北京

图书在版编目（CIP）数据

2020—2050 年迈向美丽中国的环境经济预测与形势分析研究报告/蒋洪强等著. —北京：中国环境出版集团，2020.12.
（环境经济预测系列研究报告）
ISBN 978-7-5111-4585-7

Ⅰ. ①2… Ⅱ. ①蒋… Ⅲ. ①环境经济—经济预测—研究报告—中国—2020-2050②环境经济—经济分析—研究报告—中国—2020-2050 Ⅳ. ①X196

中国版本图书馆 CIP 数据核字（2020）第 263629 号

出 版 人 武德凯
责任编辑 葛 莉
责任校对 任 丽
封面设计 彭 杉

出版发行 中国环境出版集团
（100062 北京市东城区广渠门内大街 16 号）
网 址：http://www.cesp.com.cn
电子邮箱：bjgl@cesp.com.cn
联系电话：010-67112765（编辑管理部）
010-67113412（第二分社）
发行热线：010-67125803，010-67113405（传真）
印 刷 北京建宏印刷有限公司
经 销 各地新华书店
版 次 2020 年 12 月第 1 版
印 次 2020 年 12 月第 1 次印刷
开 本 880×1230 1/16
印 张 11.75
字 数 245 千字
定 价 58.00 元

前 言

《2020—2050 年迈向美丽中国的环境经济预测与形势分析研究报告》（以下简称《报告》）是生态环境部环境规划院国家环境保护环境规划与政策模拟重点实验室发布的环境经济预测及形势分析系列报告之一。

美丽中国是中国共产党第十八次全国代表大会提出的新目标，是生态文明建设融入经济建设、政治建设、文化建设、社会建设各方面和全过程的重要体现。在中国共产党第十九次全国代表大会上，习近平总书记提出我国未来的总任务是实现社会主义现代化和中华民族伟大复兴，到 2035 年基本实现社会主义现代化，生态环境根本好转，美丽中国目标基本实现；到 21 世纪中叶建成富强、民主、文明、和谐、美丽的社会主义现代化强国。当前，世界正处于"百年未有之大变局"，受新冠疫情影响，全球经济下滑，国际形势愈加复杂，中国在成为世界强国过程中将面临自然、国际、社会、经济、能源、人口等诸多方面的挑战。为了更加稳妥地推进美丽中国目标的实现，需要清晰认识未来社会经济与生态环境的发展形势，抓住主要矛盾，识别突出问题和重大风险，未雨绸缪，为我国"十四五"规划以及 2035 年实现美丽中国目标提供重大环境政策和战略的量化决策支撑。

基于此，《报告》根据生态环境部环境规划院与国家信息中心经济预测部开发的"国家中长期环境经济预测模型系统"，建立经济社会发展预测模型、资源能源消耗预测模型、环境污染产排预测模型，根据历年统计数据获得关键技术参数，充分考虑未来中国经济社会发展可能面临的国内外环境因素，以基本实现社会主义现代化和建成社会主义现代化强国为基准情景方案，预测我国资源能源消耗量，大气污染物、水污染物、固体废物等主要污染物和新型污染物排放量以及环境形势变化情况。对于污染物排放预测，是在现有污染减排情景下和经济可承受范围内，以及未来继续加大污染控制力度情景下，得出的预测结果。预测主要时间节点为2020年、2025年、2030年、2035年，部分指标展望到2050年。《报告》的预测结果存在一定的不确定性，主要来源于重大突发事件、未来经济社会走势、能源结构调整和新型能源技术的突破、污染减排目标的变化、污染减排措施的变化等，上述因素将给预测结果带来影响。

在《报告》的撰写过程中得到了生态环境部综合司、生态环境部环境规划院领导的支持，国家信息中心为经济社会发展和能源消费预测提供了技术支持。生态环境部环境规划院蒋洪强研究员负责《报告》的总体思路、框架设计和内容把关，张伟副研究员和胡溪副研究员负责《报告》技术把关和统稿工作。各章节技术研究和撰写工作主要由国家环境保护环境规划与政策模拟重点实验室相关人员完成。蒋洪强、张伟为第1～3章技术负责人；段扬为第4章技术负责人；胡溪、吴文俊为第5章技术负责人；李勃、卢亚灵为第6章技术负责人；张静、李永源为第7章技术负责人；刘年磊、卢亚灵、高月明为第8章技术负责人；王建童、卢亚灵、周思为第9章技术负责人；张伟、蒋洪强、陈鹏、程曦为第10章技术负责人。中国环境出版集团为本书的出版付出了大量心血。重点实验室武跃文、刘洁、张鸿宇、曹东等在研究工作中也给予了帮助。在此，对关心和支持《报告》研究和出版的各位领导、专家和研究人员表示衷心感谢。由于笔者水平有限，书中不足与错误在所难免，恳请读者批评指正。

作　者

2020年3月10日

目 录

执行概要

党的十九大报告提出，到2035年基本实现社会主义现代化，生态环境根本好转，美丽中国目标基本实现。党的十九大进一步明确了建设生态文明、建设美丽中国的总体要求，集中体现了习近平新时代中国特色社会主义思想的生态文明观。本《报告》着眼于美丽中国目标前提下的环境经济定量预测与形势分析，通过定量模型，对2020—2035年主要经济社会指标（国内生产总值、产业结构、人口增长）、资源能源指标（水资源、能源）、环境指标（主要污染物排放情况、环境质量）等开展模拟预测，围绕美丽中国两个阶段建设的战略节点，定量分析新时代我国环境经济形势与趋势，提出战略思路，为美丽中国建设提供依据和参考。主要取得的结论如下。

一、我国经济将逐渐进入中速增长期，经济转向高质量发展

我国经济将处于中速增长期。2021—2035年，我国国内生产总值（GDP）年均增长约5.0%，我国工业化基本趋于稳定，城镇化继续较快推进，我国经济将处于中速增长阶段，在此期间将成功跨越“中等收入陷阱”。按市场汇率计算，预计2025年前后，我国名义GDP总量将达到约27万亿美元，超过美国成为世界第一大经济体；2035年我国名义GDP总量将达到约56万亿美元，基本完成工业化；2050年我国名义GDP总量将达到约115万亿美元，人均GDP将达到约8.5万美元，约相当于同期美国人均GDP的55%。

工业逐步朝高精尖方面发展，第三产业逐渐成为主导产业。我国正处在新时代的大背景下，积极调整和优化产业结构成为我国经济社会发展的重中之重。2021—2035年，第三产业比重呈稳步上升趋势，逐步成为经济发展的主导产业，第三产业比重将在2030年前后突破60%。三大产业结构由2020年的7.5∶37.5∶55.0大约调整为2035年的5.4∶28.1∶66.5。工业化顺利完成，服务经济成为经济发展的主导力量。

二、未来人口老龄化形势严峻，城镇化进程在 2035 年后逐渐放缓

预计我国 2030 年人口总量达到顶峰。近年来中国人口增长速度呈明显放慢趋势，但是，由于庞大的人口基数和增长的惯性作用，以及已经全面实施的“二孩”政策，未来几年中国人口出生率会小幅反弹，预计 2025 年中国人口总量为 14.26 亿人，将在 2030 年前后出现人口总量峰值，人口峰值约为 14.50 亿人，2050 年人口总量将下降至 13.95 亿人。

老龄化社会进程加快、程度加深。根据中国人口年龄结构的变化并考虑可能的生育政策调整，预测到 2050 年，中国人口老龄化的发展将大致经历三个阶段：快速老龄化阶段、加速老龄化阶段和缓速老龄化阶段。从 2021 年开始到 2035 年中国老年人口将迎来第二个增长高峰，也是 21 世纪老年人口增长规模最大的一次，由 1.86 亿人增长到 3.09 亿人，开始从当前的快速老龄化阶段过渡到加速老龄化阶段；老年人口将超过少儿人口，标志着中国从主要抚养儿童的时代迈入主要赡养老人的时代；从 2036 年到 2050 年为缓速老龄化阶段，中国迈入中度老龄化社会，在此阶段，中国总人口进入负增长阶段，人口总量开始减少，老年人口增长态势放缓。

2035 年前后中国城镇化进程逐渐放缓。到 2020 年，中国城镇化率将达到约 60.4%，根据城市型社会的阶段划分标准，届时中国将进入中级城市型社会；到 2025 年，中国城镇化率将达到约 64.6%；2035 年中国的城镇化率将达到约 68.5%，之后，中国将进入城镇化缓慢推进的后期阶段；2050 年中国的城镇化率将达到约 75%，总体完成城镇化的任务。然而，由于发展阶段和城镇化水平的差异，未来各地区城镇化将呈现不同的发展趋势。总体来看，东部和东北地区已进入城镇化减速时期，其城镇化速度将逐步放慢；而中西部地区仍处于城镇化加速时期，是中国加快城镇化的主战场。

三、我国能源消费总量将在 2035—2040 年进入峰值平台期

2025—2030 年是我国步入绿色能源时代的过渡期，也是能源转型升级的攻坚期。在此期间，能源消费低速增长，2030 年能源消费总量预计约在 54 亿 t 标准煤，全社会用电量约 9 万亿 kW·h。清洁能源消费占比约达 35%，其中，非化石能源消费比重达到 20%以上，取代石油成为第二大能源。煤炭消费比重下降到 50%以下，煤炭减量主要依靠天然气和非化石能源增量弥补。电力在终端能源消费中的比重提高到 29%。非化石能源发电装机占比提高到 54%，超越化石能源发电装机，成为主力电源。

2035—2040 年，我国能源消费总量进入峰值平台期。2041—2050 年是我国能源转型升级的成熟期和稳定期，能源消费逐渐达到峰值。随着经济结构优化、城镇化进程放缓、能源转型等，一次能源需求将逐步降低，2035—2040 年进入峰值平台期。2035 年和 2050 年全国能源年消费总量预计约为 56 亿 t 标准煤和 58 亿 t 标准煤。

四、用水总量持续下降，用水效率稳步提高

用水总量未来可能持续下降。未来一段时间我国用水总量总体保持下降态势，预计 2020 年、2025 年、2030 年、2035 年将分别达到 6 106 亿 m^3、6 090 亿 m^3、5 811 亿 m^3、5 526 亿 m^3。其中农业用水仍是用水大户，预计 2030 年生活用水将超过工业用水成为第二用水大户。

农业节水效率不断提高，用水比重明显下降。随着未来不断调整农业生产结构，实施高效的水资源管理措施，完善农田水利基础工程设施，使得传统农业向集约化农业转变，农业耗水逐渐减少，农业用水总体呈现稳步下降的趋势。预计到 2020 年、2025 年、2030 年、2035 年农业用水量分别达到 3 697 亿 m^3、3 603 亿 m^3、3 413 亿 m^3、3 219 亿 m^3，农业用水的比重逐年下降。

工业用水持续下降，用水效率不断提高。预计未来我国工业化进程将呈现减速趋势，经济发达地区抗压能力强，中西部地区工业化速度逐渐形成赶超的局面，2020 年将基本实现工业化，到 2025 年前后我国工业化综合指数将达到最大。同时随着工业用水来源趋于多元化、节水新工艺的大力推广、工业生产结构的不断转型升级，我国工业用水效率将得到明显提升。工业用水量在 2020 年前后会达到峰值（1 254 亿 m^3），之后出现缓慢下降。

生活用水未来呈稳步增长趋势。随着经济的发展和城市化进程的推进，以及城镇居民生活水平的提高和公共市政设施服务范围的不断扩大，城市人口、人均用水系数和用水普及率都在相应增加。2020—2035 年预计城镇人口增长态势不会改变，且城镇居民用水系数依旧维持上升趋势，而随着农村基础设施的不断改善及农村居民生活水平的提高，预计农村居民用水系数呈上升趋势。预计城镇居民生活用水量和农村居民生活用水量均呈现逐步增加的趋势，且城镇居民生活用水量增幅大于农村。

五、主要水污染物排放量逐年下降，但面源污染仍十分突出

水污染减排力度加大，主要污染物排放量呈下降趋势。从废水排放总量看，2016 年全国废水排放总量为 711.1 亿 t，其中工业废水排放量为 153.10 亿 t，城镇生活污水排放量为 557.27 亿 t。到 2035 年工业废水排放量预计达到 254.22 亿 t，呈现逐年增加趋势；城镇生活污水排放量达到 834.28 亿 t，呈逐年增加趋势。从化学需氧量（COD）排放量看，2015 年 COD 排放量为 2 209.0 万 t，预测结果表明，到 2035 年工业源、农业源和城镇生活源 COD 排放量分别为 319.05 万 t、444.27 万 t 和 709.14 万 t，总计 1 472.5 万 t，较 2015 年下降 33.3%。从氨氮（NH_3-N）排放量看，2015 年 NH_3-N 排放量为 228.4 万 t，到 2035 年，工业源、农业源和城镇生活源 NH_3-N 排放量分别为 18.37 万 t、34.43 万 t 和 125.14 万 t，总计 177.9 万 t，较 2015 年下降约 22.1%。

不同来源水污染物排放的贡献特征较为明显。水污染物排放主要来自农业源、城镇生活源，其

中，农业源主要为畜禽养殖业。工业源集中在化工、造纸、食品、纺织等行业。此外，水污染物排放的空间地域差异大，广东、江苏等省份排放量远高于其他省份。在三大排放源中，工业废水排放量和主要污染物排放量都呈上升趋势，主要贡献来自化工、造纸、食品、纺织等行业；农业废水排放量和主要污染物排放量持续下降，主要贡献来自畜禽养殖业；城镇生活污水排放量呈现总体上升趋势。总体来看，废水总量呈持续上升趋势，但主要污染物排放量开始呈现下降趋势，未来的水污染治理更需要关注不同地域、不同行业的贡献差异，实施精细化分级治理。

水环境质量改善进程加快，但局部污染和水生态问题仍十分突出。尽管目前我国大江大河水环境质量呈现持续向好趋势，但仍暴露出部分支流、湖库水体达标压力大，黑臭水体治理难度高等问题。部分流域水开发补给失衡、水生态流量不足。随着工业化、城市化进程加快，我国半数以上城市出现水资源短缺与水污染并存的问题，尤其是北方地区，水资源短缺、地表径流少、地下水污染严重等问题仍长期存在。

六、我国空气质量到 2035 年可能实现根本好转

从全国层面看，预计 2035 年前后空气质量实现根本好转。我国生态环境治理面临南北地域差异、东西经济发展差异等诸多困难，总体来说情况复杂、难度大、阻力多。发达国家的空气质量从大规模治理到环境质量根本改善经历了至少 30 年，我国若发挥好体制优势、技术优势、后发优势，治理进程将明显缩短。我国大气环境质量将分区域、分阶段实现达标，到 2035 年，全国空气质量平均值有望基本达到世界卫生组织（WHO）第二过渡阶段目标，珠三角、海峡西岸等地区有望达到世界卫生组织第三阶段标准。二氧化硫（SO_2）、氮氧化物（NO_x）和颗粒物等污染基本得到解决，在新时期、新形势、新区域、新行业下，臭氧（O_3）和挥发性有机物（VOCs）等其他空气污染不容忽视。

从要素层面看，预计 2035—2040 年重要大气污染指标将迎来拐点。我国 SO_2、NO_2、$PM_{2.5}$ 等常规大气环境质量监测指标正在逐步改善，大部分城市 SO_2、NO_2 年均浓度已经达标，但由于长期以来缺乏有效的控制措施，VOCs 污染未见明显改善，O_3 污染仍在加剧，O_3 已成为继 $PM_{2.5}$ 后困扰城市空气质量的重要二次污染物。2013—2017 年全国 74 个重点城市 O_3 污染加剧，O_3 的生成与 NO_x 和 VOCs 等其他大气污染物相关性较大，原因复杂，防治难度大。预测结果表明，我国基于常规监测指标的大气环境质量拐点将出现在 2020—2025 年，但达到让公众满意的大气环境质量要在 2030—2035 年，若考虑 VOCs、O_3 以及气候变化等新因素，较好的大气环境质量拐点则要延迟到 2040 年前后。

七、城市化、工业化将导致固体废物处置压力较大

生活垃圾产生量增加，垃圾分类收集与处置势在必行。在设定综合利用率、无害化处理率相对较高水平下，2020 年、2025 年、2030 年、2035 年城镇生活垃圾产生量将分别达到 3.75 亿 t、4.18 亿 t、4.54 亿 t、4.87 亿 t，增速逐渐下降，但总量仍在增加。未来在技术可行的前提下，大力提高焚烧和堆肥等垃圾无害化处置比例，减少填埋比例，将显著提高我国无害化垃圾处置效率和水平，能够尽早在一定程度上缓解城镇化进程导致的垃圾围城等城市病问题。

工业固体废物产生总量持续下降，尾矿是一般工业固体废物主要来源。随着我国经济增速整体趋缓，产业结构逐渐优化调整，未来我国工业固体废物产生总量有所下降，2020—2025 年工业固体废物产生总量增速为−0.4%，2025—2030 年增速为−0.1%，2030—2035 年增速将达到−1.8%。2020 年、2025 年、2030 年、2035 年工业固体废物产生总量分别为 32.04 亿 t、31.44 亿 t、31.26 亿 t、28.56 亿 t。2020 年、2025 年、2030 年、2035 年尾矿所占比重分别为 27%、27%、24%、22%，呈逐渐下降的趋势。

危险废物产生量持续增加，安全处置压力加大。我国危险废物产量虽低，但总产量持续上升，预计从 2020 年的 0.82 亿 t 上升到 2035 年的 1.92 亿 t。特别是受新冠疫情影响，各地医疗废物处置能力存在明显短板，需要不断提高资源利用率和安全处置率。随着我国经济增速整体趋缓，产业结构逐渐优化调整，未来我国危险废物增速也将逐渐趋缓，2020—2025 年危险废物总产量的增速为 6.5%，2025—2030 年增速将下降到 5.8%，2030—2035 年增速将进一步下降到 5.2%。

八、废弃电子垃圾未来将迅速增长，无害化处理能力亟待提升

新能源汽车保有量仍将保持较快增长，其废弃电池处理压力较大。预计到 2035 年和 2050 年，我国新能源汽车保有量将分别达到 9 080.9 万辆和 18 421.7 万辆，保有量巨大。新能源汽车保有量占汽车保有量比例明显增加，从 2015 年的 0.3%发展到 2035 年的 20.9%，到 2050 年将增至 35.3%。目前电动汽车的铅酸电池、锂离子电池寿命较短，随着技术的发展，其寿命会延长，但是达到寿命期后，会迎来电池的大范围淘汰。这些废旧电池属于固体废物甚至是危险废物，给环保工作带来较大压力。

电子垃圾问题将日益凸显，专业化拆解回收体系建设亟须加强。未来我国电子垃圾产生量将呈现快速增长趋势。2020 年、2025 年、2030 年、2035 年电子垃圾产生量将分别达到 1 147 万 t、1 364 万 t、1 575 万 t、1 728.74 万 t。从类型来看，家用电器仍然为电子垃圾的主要来源，其中空调电子垃圾产生量最高。电脑、手机等新型数码产品电子垃圾中重金属等有毒有害物质成分含量高，对环境危害大，需要引起更多关注。未来针对电子垃圾需转变回收管理方式，建立更加完善的专业化拆

解回收体系，从而最大限度地减少对环境的危害。

快递外卖包装废弃物产生量巨大，资源化利用体系亟须建立。快递外卖的便捷性提升了人们生活的效率，同时也使包装垃圾大量产生。2020 年、2025 年、2035 年快递包装垃圾产生量将分别达到 1 556.69 万 t、2 507.07 万 t、3 709.36 万 t；对于外卖包装垃圾而言，2020 年、2025 年、2035 年产生量将分别达到 178.44 万 t、262.19 万 t、447.81 万 t。重点加强培养绿色物流理念，建立资源化利用体系，大力提高焚烧和资源化利用等垃圾无害化处置比例，减少填埋比例，将能够显著提高我国快递外卖包装垃圾处置效率和水平。

九、我国正处于“百年未有之大变局”，国内外各方面存在较多不确定性因素

考虑到距 2035 年还有 15 年之久，在经济、能源、技术、国际等方面存在诸多不确定性因素。当前以及未来中美大国竞争将不断加剧，新冠肺炎疫情还在全球蔓延，复杂的国际、国内形势变化对美丽中国的建设提出挑战。另外，经济结构转型升级面临内外部挑战，生态环境保护与经济社会协调发展仍是重大难题。全球气候变暖和极端气候的频繁出现将给生态环境保护工作带来极大压力。我国以煤为主的能源结构仍将是大气环境治理面临的重大挑战，期待颠覆性能源技术能给环境改善带来机遇。人口老龄化与城镇化带来的生态环境问题也不容忽视，尤其是在乡村振兴与农村空心化背景下，全面提升农村环境治理水平将面临较大挑战。未来强有力的工业技术革命带来的科技进步将为生态环境治理带来机遇，但技术革新与应用面临诸多不确定性。常规污染物与新型污染物将并存，实现生态环境质量根本改善需要更多关注非主要特征污染物。我国区域发展的不均衡和生态环境问题的区域性特征使得统筹、全面解决各地区生态环境问题难度加大。

十、科技浪潮将带来革命性影响，也可能引起新的生态环境问题

以智能技术和信息技术为核心的未来科技将逐渐应用到各行各业，促进我国传统工业、农业逐步向高端智造工业和现代化农业转变，借助我国完整的产业链体系以及人口经济基数，实现良性自循环升级。相关研究表明从现在到 2040 年前后，将是新科技革命孕育发展的关键时期，人工智能、量子计算与通信、自动驾驶、5G、物联网等智能基础设施以及可燃冰、储能技术、新能源汽车等能源领域重大技术攻关正在带来世界发展格局的深刻变化，将极有可能改变我国未来能源利用方式，乃至生产生活方式。上述改变都将给我国生态环境保护带来革命性影响，甚至从根本上解决煤炭燃烧、机动车尾气等导致的传统污染问题。传统污染虽然能得到有效控制，但是可能带来电子污染、生物多样性破坏、生物基因污染等新型环境问题。

十一、未来仍应抓住水、大气、土壤三大关键要素，制定完善升级版污染防治攻坚战目标任务表和路线图

大气环境治理应以降低 $PM_{2.5}$ 浓度为首要目标，中长期应重点关注 O_3 治理。着力降低大气重污染发生的频率和强度，兼顾 O_3 污染防治，遏制 O_3 浓度上升态势，推动全国空气质量显著改善。近期目标为：到 2020 年，全国大气环境质量总体改善，重污染天气较大幅度减少，重点区域（京津冀、长三角、珠三角等）空气质量明显好转，坚决打好大气污染防治攻坚战；到 2030 年，推进珠三角、长三角、京津冀等区域 $PM_{2.5}$ 年均浓度依次达到 35 $\mu g/m^3$，逐步消除重污染天气，全国空气质量明显改善。中长期目标为：到 2035 年，逐步优化生产和生活方式，实现大气环境质量根本好转；结合第二个百年奋斗目标，到 21 世纪中叶，基本达到世界卫生组织环境空气质量指导值，满足保护公众健康和生态安全的要求。

水环境方面，近期以覆盖各类水体的质量目标为主，中远期以水生态保护和健康风险防范为主。《水污染防治行动计划》（以下简称“水十条”）作为当前和今后一段时期水污染防治工作的基本遵循，确立了水污染防治目标：到 2020 年，全国水环境质量得到阶段性改善；到 2030 年，在全国水环境质量总体改善的同时水生态系统功能初步恢复；到 2050 年，生态环境质量全面改善，生态系统实现良性循环。中远期目标应逐步增加水生态和健康风险方面的内容。增加自然岸线、湿地面积、水生生物多样性等方面的管理指标，在全国环境质量监测网络建设等工作中逐步将这些指标纳入监测、统计、评价范围，为面向水生态和健康风险的水环境管理打好基础。

土壤污染防治方面，近期以管控土壤环境风险为主，中长期以改善土壤环境质量、实现土壤污染风险可持续管控为主。土壤污染防治工作要坚持打基础、建体系、守底线、控风险的原则。近期 2025 年目标是管控土壤环境风险，保障“米袋子”“菜篮子”“水缸子”安全。筑牢土壤污染防治工作基础，健全法规标准体系，摸清土壤污染底数；实施土壤分类分区管理，基本保障农用地和建设用地土壤环境安全；强化土壤污染预防，严控新增土壤污染；开展重点地区土壤污染治理，逐步解决突出的土壤环境问题。中长期目标是改善土壤环境质量，有效保障农用地和建设用地土壤环境安全，加强经济手段的调控，全面管控土壤环境风险，实现土壤风险管控与经济、社会可持续良性循环。

第1章　研究背景与总体思路

1.1　研究背景

党中央、国务院高度重视生态环境保护工作。2018年，全国生态环境保护大会胜利召开，习近平总书记出席会议并发表重要讲话。党中央、国务院对加强生态环境保护、提升生态文明、建设美丽中国做出一系列重大决策部署。在理念引领方面，全国生态环境保护大会正式确立了习近平生态文明思想，为推进美丽中国建设、实现人与自然和谐共生的现代化提供了方向指引和根本遵循。在顶层设计方面，中共中央、国务院印发《关于全面加强生态环境保护　坚决打好污染防治攻坚战的意见》，明确打好污染防治攻坚战的路线图、任务书、时间表。在法治保障方面，第十三届全国人民代表大会第一次会议表决通过《中华人民共和国宪法修正案》，把新发展理念、生态文明和建设美丽中国的要求写入宪法，为努力实现这一宏伟奋斗目标提供了有力的宪法保障。在机构改革方面，加强和完善生态环境保护职能，进一步优化相关部门生态环境保护职责，新组建的生态环境部统一行使生态和城乡环境各类污染物排放监管与行政执法职责，同时组建生态环境保护综合执法队伍。

美丽中国是中国共产党第十八次全国代表大会提出的新目标，强调把生态文明建设放在突出位置，融入经济建设、政治建设、文化建设、社会建设等各方面和全过程。2017年10月，习近平总书记在党的十九大报告中再次提出，加快生态文明体制改革，建设美丽中国。人与自然是生命共同体，人类必须尊重自然、顺应自然、保护自然。我们要建设的现代化是人与自然和谐共生的现代化，既要创造更多物质财富和精神财富以满足人民日益增长的美好生活需要，也要提供更多优质生态产品以满足人民日益增长的优美生态环境需要。必须坚持节约优先、保护优先、自然恢复为主的方针，形成节约资源和保护环境的空间格局、产业结构、生产方式、生活方式，还自然以宁静、和谐、美丽。美丽中国是社会主义现代化的诗意表达，同时具有深刻的哲学和科学含义，代表着人与自然在较高发展水平上的协调统一，即实现人与自然和谐共生的现代化。

为全面把握“现代化”的特点和要求，关注国家和人民对建设美丽中国的期望，既要体现生态环境目标与经济发展目标、社会发展目标相协调统一，又要体现与全国生态环境保护大会精神和部署相结合，将生态文明建设理念融入经济、政治、文化、社会建设全过程及各个阶段，适应绿色发展、低碳发展、循环发展、绿色转型的要求，更加注重科技创新驱动战略在生态环境保护中的重要作用，更加注重信息公开和人民群众对健康的要求。

1.2 研究目标

本《报告》着眼于美丽中国的环境经济定量预测与形势分析，通过对2025年、2035年乃至2050年我国生产总值、产业结构、人口增长、资源消耗、污染物排放等的模拟预测，分析新时期我国环境经济形势，研判新机遇、新问题、新挑战，围绕美丽中国两个阶段建设的战略节点，研究绿色发展、生态环境质量改善和我国现代化进程，谋划生态文明建设的战略布局、重点任务与目标，为未来生态环境保护工作提供借鉴。

1.3 总体思路

经济社会发展与资源环境之间存在互动关系。一方面，经济社会发展是资源利用和环境问题的首要影响因素，在生产过程、消费过程中对生产资料和生活资料的需求是资源利用的根本原因。在现有技术条件下，资源利用是不充分的，导致非生产和生活目的的废物产生和排放，这是环境污染的根本原因。另一方面，资源环境对经济社会发展也具有制约作用，资源短缺、环境污染反过来也会限制经济的进一步增长和社会福利的进一步提高。

基于经济社会发展与资源环境之间的关系，本《报告》将以经济社会发展水平的规划和预测为基础，以2016年为数据基准年①，对2020—2035年我国经济社会发展、资源、能源与环境问题进行预测。

首先，对经济社会发展进行预测。建立经济社会发展预测模型，主要包括国内生产总值预测、人口和城市化水平预测、各行业产值的预测、各行业增加值的预测、产品产量的预测（固体废物部分）、产品销售量的预测（固体废物部分）等内容。主要目的是与资源能源消耗、环境污染预测模型对接，研究人口增加及城市化，行业产值、增加值，产品产量、销售量对资源环境产生的压力及影响。

① 根据数据获得情况，部分要素基准年为2017年或2015年。

其次，对资源、能源及环境问题进行预测。建立资源、能源、环境问题预测模型，主要包括水资源需求预测模型、能源消费预测模型、水污染物排放量预测模型和大气污染物排放量预测模型，通过经济预测模型输入的行业产值、增加值，产品产量、销售量以及人口增加及城市化率等指标，预测能源、环境问题，包括能源消费和需求的预测，大气污染物产生量与排放量、废水产生量与排放量、水污染物产生量与排放量、固体废物产生量与堆放量等指标的预测。

最后，根据环境经济定量预测，分析新时期环境经济形势，研判新时期面临的主要生态环境问题，提出有针对性的经济社会发展政策建议。

环境经济预测的总体技术路线如图 1-1 所示。

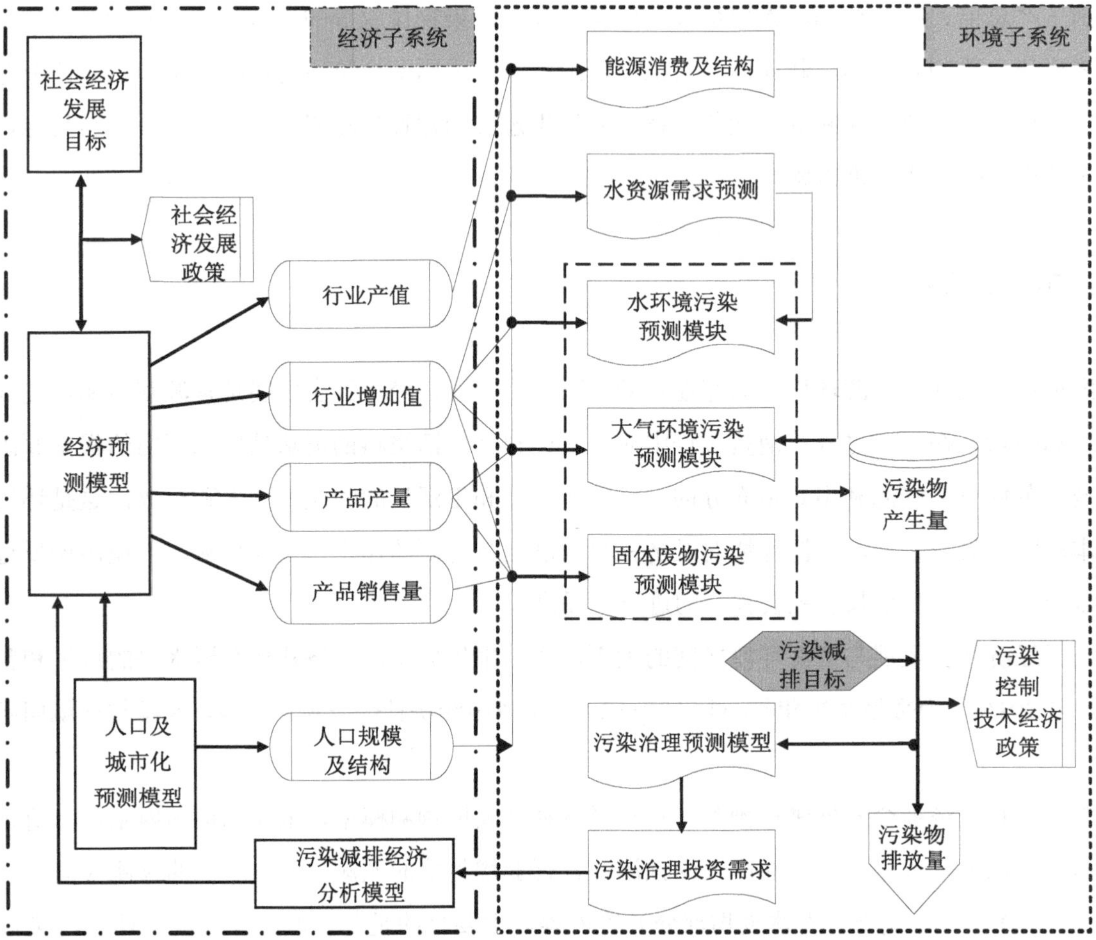

图 1-1　环境经济预测的总体技术路线

第 2 章　经济社会发展预测

党的十九大报告勾画了新时代我国生态文明建设的宏伟蓝图和实现美丽中国的战略路径：到 2035 年基本实现社会主义现代化，生态环境根本好转，美丽中国目标基本实现，到 21 世纪中叶，生态文明将全面提升。为全面落实党的十九大精神，系统谋划中长期生态环保工作，迫切需要开展迈向美丽中国的经济社会和能源发展预测与形势研判，为我国生态环境保护宏观战略与路线图制定提供重要参考依据。基于国家信息中心构建的我国中长期宏观计量经济预测模型和大型动态可计算一般均衡模型（SICGE 模型），构建我国经济社会中长期预测模型体系，重点对 2025 年、2035 年和 2050 年我国经济社会发展进行了预测和分析。

2.1　经济社会发展现状

“十三五”以来，面对错综复杂的国内外环境，以习近平同志为核心的党中央团结带领全国各族人民，迎难而上，开拓进取，经济社会发展取得历史性成就、发生历史性变革。

经济持续稳定增长，经济增速在全球名列前茅。“十三五”以来，面对复杂严峻的国际环境和艰巨繁重的改革发展稳定任务，我国坚持稳中求进工作总基调，深入贯彻新发展理念，持续深化供给侧结构性改革，认真贯彻落实“六稳”各项政策措施，国民经济运行呈现总体平稳、韧性增强的良好态势，2016—2019 年分别实现了 6.7%、6.8%、6.6%和 6.1%的中高速增长，远远高于同期世界经济增速，在全球主要经济体中名列前茅。自 2006 年以来，我国对世界经济增长贡献率稳居世界第一位，成为世界经济增长第一引擎。2018 年我国对世界经济增长的贡献率为 27.5%，比 2015 年提高约 2.5 个百分点。

经济总量连上新台阶，经济规模稳居世界第二位。2016—2018 年经济增量规模显著扩大。2016 年 GDP 首次站上 70 万亿元的历史新台阶，2017 年 GDP 首次站上 80 万亿元的历史新台阶，达到 827 122 亿元，当年经济增量折合 1.2 万亿美元，相当于 2016 年全球第十四大经济体——澳大利亚的经济总量。

2018 年 GDP 首次站上 90 万亿元的历史新台阶，达到 900 309 亿元，约 8 万亿元的增量，相当于世界经济排名第 15 位国家的 GDP 总额，我国经济规模稳居世界第二位。2019 年 GDP 逼近 100 万亿元大关，达到 990 865 亿元，按年平均汇率折算达到 14.4 万亿美元。人均 GDP 不断提高，2019 年我国人均 GDP 达到 10 276 美元，首次突破 1 万美元大关，与高收入国家差距进一步缩小。我国经济总量占世界 GDP 比重一路攀升，从 2015 年的 14.8%提升至 2018 年的 15.9%，同期美国经济总量占世界 GDP 比重从 2015 年的 24.4%下降至 2018 年的 23.9%，中美两国经济总量差距正在逐步缩小。

三大产业结构发生深刻变化，产业结构优化升级显著。服务业撑起国民经济半壁江山，支撑带动作用不断增强。2019 年前三季度较 2015 年同期，第三产业增加值占国内生产总值的比重从 47.9%升至 52.3%，提高了 4.4 个百分点；2019 年前三季度，服务业对经济增长的贡献率为 60.6%，比 2015 年同期提高 7.6 个百分点。新型工业化稳步推进，工业结构加快向中高端迈进。2019 年前三季度，高技术制造业和战略新兴产业增加值增速分别为 8.7%和 8.4%，分别高于规模以上工业增加值增速 3.1 个百分点和 2.8 个百分点。据联合国工业发展组织工业竞争力绩效 CIP 指数最新结果，我国已经成为全球最具工业竞争力的五个国家之一。

内需对经济增长的贡献提升，需求结构显著改善。消费在经济增长中“稳定器”和“压舱石”的作用日益增强。2019 年前三季度，最终消费支出对经济增长的贡献率为 60.5%，比 2015 年同期提高 2.3 个百分点，高于资本形成总额贡献率 40.7 个百分点，消费率由 2015 年的 51.8%提高到 2018 年的 54.3%。居民消费形态由物质消费向服务消费转变，服务消费成为热点。2019 年前三季度，在我国全部居民最终消费支出中，服务消费占比为 50.6%，比上年同期提高 0.7 个百分点。网络购物等新型消费不断发展壮大，社会消费品零售总额、网上商品和服务零售额快速增长。2019 年 1—11 月，我国社会消费品零售总额为 37.3 万亿元，同比增长 8.0%；网上商品和服务零售额累计达到 94 958 亿元，同比增长 16.6%，其中，实物商品网上零售额占社会消费品零售总额的比重达到 20.4%，比 2015 年周期提高 9.8 个百分点。

2.2 技术路线与模型方法

在国家信息中心已有的我国中长期宏观计量经济预测模型和大型动态可计算一般均衡模型（SICGE 模型）的基础上，以实现经济社会发展目标和满足潜在增长需求、改善国际环境约束等条件为前提，开展我国中长期经济社会发展情景预测。

2.2.1 利用生产函数测算经济潜在增长率

本《报告》利用生产函数测算我国长期经济增长潜力。

公式如下：

$$Y_t = AK_t^{\alpha} L_t^{\beta} \tag{2-1}$$

式中，Y_t—— 现实产出；

L_t—— 劳动投入；

K_t—— 资本存量；

A—— 全要素生产率；

α—— 资本的产出弹性；

β—— 劳动力的产出弹性。

根据宏观经济生产函数，GDP 增长分解为资本存量、劳动力数量和全要素生产率（TFP）三部分。基于对劳动力数量、资本存量和 TFP 未来趋势的分析，可以预测到 2025 年、2035 年、2050 年三个时段中国经济增长的动力构成，进而测算经济潜在增长率。

在经历 40 年经济高速增长后，随着外部环境和内生条件的变化，我国经济开始步入换挡期，原有增长动力已经不足以支撑两位数的高速增长。从需求看，国际金融危机后外部需求明显减弱，满足外部需求的投资扩张速度放慢，制造业投资增幅明显回落，房地产投资增长放缓，基础设施扩大投资受到负债水平制约，投资和出口对经济增长的拉动作用明显减弱。从供给看，制造业在经历过去几年迅速扩张后，随着国内外市场需求变化，面临较为严重的产能过剩，导致制造业资源和生产要素向服务业转移，但多数服务业部门劳动生产率低于制造业部门，造成经济效率下滑。从要素投入看，随着人口结构发生变化，劳动年龄人口绝对量减少，人口抚养比提高，储蓄率、投资率趋于下降，劳动投入和资本投入的增长放缓，从而影响经济增长动力的变化。经济进入换挡期，支撑经济增长的主要因素已经由生产能力大规模扩张转向生产效率的提高，我国未来经济增长新动力主要集中在提高生产效率上。

总体而言，本《报告》中，GDP 增速不是根据历史趋势外推，而是在对资本存量、劳动力数量以及全要素生产率等生产要素的变化进行深入分析研究的基础上，利用生产函数对 2025 年、2035 年、2050 年中国经济的潜在增长率进行测算。

2.2.2　利用 CGE 模型模拟经济社会结构

SICGE（State Information Center General Equilibrium）模型是一个基于 MONASH 动态 CGE 模型建立的中国动态可计算一般均衡模型。该模型是由国家信息中心和澳大利亚 MONASH 大学 CoPS 中心联合开发的。模型数据基础为中国 2012 年投入产出表以及 2013—2017 年相关的中国经济数据。

SICGE 模型是在融合了 MONASH 模型主要结构的基础上，依据中国经济有关特征和数据建立的。它是基于瓦尔拉斯一般均衡理论以及投入产出理论，其基本的方程体系包括生产模块、需求模块、流通消耗模块、进出口贸易模块、价格模块等模块。同时，为了实现模型的动态化，SICGE 模型还加入了一系列动态化的元素，如跨期动态链接、数据的动态更新和劳动力模块等。另外，SICGE 模型还可以通过历史时期的参数外推进行部门和产业的预测。最近模型在长期预测方面也取得了长足的进展。

SICGE 模型基本特点：一是模型规模较大、注重细节。SICGE 模型包含 162 个产业部门、175 种产品，3 种投入要素（劳动力、资本、土地）和 6 个经济主体（生产、投资、家庭、政府、国外、库存）。模型同时考虑了 11 类流通投入，分别为：海上货运、空中货运、空中客运、铁路货运、铁路客运、公路货运、公路客运、管道运输、保险、贸易（批发和零售）、仓库贮存。这些设置综合起来，使 SICGE 模型的规模较大，其中核心模块的方程数量超过 150 万个。但也正是这些细节设置，使 SICGE 模型能够尽量细致入微地刻画经济现实，同时较为准确地测算政策的影响。

二是充分刻画经济运行机制的特点。SICGE 模型包含丰富的生产技术进步参数、消费偏好参数以及描述市场扭曲的偏移参数。在描述生产技术进步和消费偏好改变上，能够多角度地捕捉各个层次上的变化。例如对于节能技术进步，模型既有因为产业升级实现的整体节能的参数描述，也有因为技术替代产生的能源结构调整的参数描述。此外，模型还可对中国经济存在的市场扭曲进行描述，例如当前存在的成品油价格管制、电价管制等行为。这些参数值的标定过程都可以通过独有的“历史模拟”完成，并引入 2013—2017 年的历史数据进行标定和校准。

三是详细刻画了能源与经济的联系。SICGE 建立了经济与能源供需的转换机制，输出能源服务需求变量。建立了能源总量预测与分项预测的接口机制，具备确保总量与分项保持一致的能力。引入了能源核算机制，理顺经济活动中的能源供需关系，具备在预测年份编制能源平衡表的功能。建立了优化机制，刻画在生产、消费活动中对能源的最优需求量。引入了各种能源产品的有限替代机制，具备描述短期替代的功能。

本《报告》重点关注经济系统内的宏观经济、经济结构、就业、居民收入、财政收支等领域的变化以及彼此之间的关系。这些领域之间的关系如图 2-1 所示。

从以下两个方面对上述测算研究总体思路进行具体解释：

（1）长期来看，宏观经济的潜在增长动力源于要素投入和技术进步。各要素的投入符合最优化原则：为满足市场需求，按照成本最小化原则优化资本要素投入和就业要素投入。其中，未来的资本存量取决于现有的资本存量和投资的增长；就业总量则取决于人口、年龄结构和劳动参与率等。利用宏观经济生产函数概念，根据人口走势、资本存量的增长和技术进步的走势可以测算我国未来宏观经济的潜在增长水平。

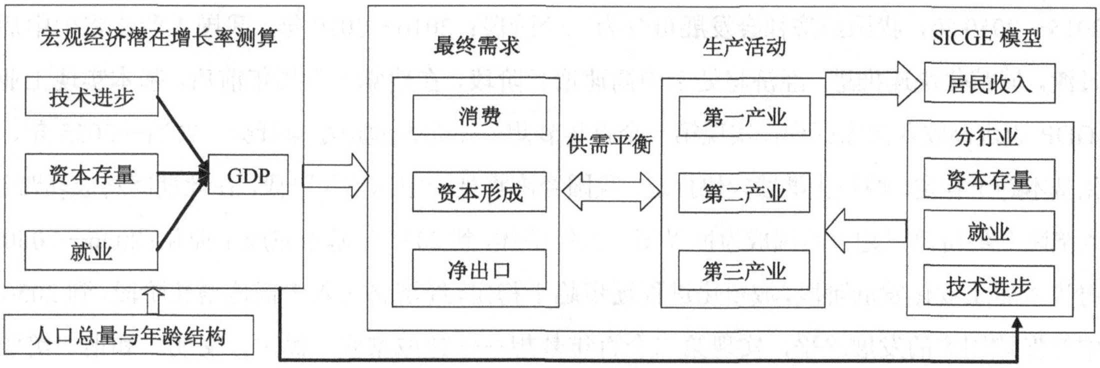

图 2-1 我国中长期经济社会发展预测模型技术路线

（2）将宏观经济潜在增长率预测结果输入 SICGE 模型，按照各种产品、要素市场供需平衡的原则，对未来的需求结构、产业结构、就业水平、收入水平开展平衡测算。这是个迭代计算的过程：首先，给出最终需求的初值，测算满足最终需求的产业结构；其次，生产过程产生的工资、资本回报、就业需求、资本需求会改变最终需求的初值和相应产品、要素的价格；再次，调整后的最终需求会计算出新的产业结构，并开始迭代；最后，通过价格调整实现所有产品和要素的供需平衡。其中，生产决策中，中间产品和要素投入取决于满足需求下的成本最小化原则；投资决策中，投资需求总额取决于当前资本存量和对未来期望回报率的判断，而在投资品组合的决策中遵循成本最小化原则；消费决策中，在消费预算总额约束下，以实现消费效用最大化为原则选择各类消费品；产品出口主要取决于产品在国际市场上的价格优势和偏好程度；同时，产品进口主要取决于国内市场需求、进口产品与国内产品相比的可替代程度以及价格优势。

2.3 预测结果分析

2.3.1 中长期经济总量趋势预测

从经济社会发展来看，2025—2050 年中国经济实力、科技实力将大幅跃升，经济保持中高速增长、产业迈向中高端水平，经济发展实现由数量和规模扩张向质量和效益提升的根本转变；产业结构呈现不断优化升级的基本趋势，第一产业比重呈现小幅下降趋势，第二产业比重呈波动下行趋势，工业化顺利完成，第三产业呈现爆发式发展态势，服务经济成为经济发展的主导力量；2015—2050 年将完成基本实现社会主义现代化和建成社会主义现代化强国两个目标，人口总量和结构呈现新特点，城镇化水平进一步提高。

2015—2050 年，我国经济社会发展可分为三个阶段：2016—2020 年，我国工业化将由中后期向后期过渡，城镇化快速推进，经济将处于中高速增长阶段，在建党一百周年前后，基本实现工业化，人均 GDP 迈进高收入国家行列，实现第一个百年梦想——全面建成小康社会；2021—2035 年，我国工业化基本趋于稳定，城镇化继续较快推进，我国经济将处于中速增长阶段，在此期间将成功跨越“中等收入陷阱”，经济总量超过美国成为世界第一大经济体，到 2035 年基本完成工业化；2036—2050 年，我国将进入后工业化发展阶段，城镇化进程逐步趋于稳定，经济将进入中低速增长阶段，到 2050 年，接近中等发达国家的发展水平，实现第二个百年梦想——建成富强、民主、文明、和谐、美丽的社会主义现代化强国。

2021—2035 年：我国工业化基本趋于稳定，城镇化继续较快推进，经济处于中速增长阶段，在此期间经济总量超过美国成为世界第一大经济体，到 2035 年基本完成工业化。从资本和劳动力要素来看，我国工业化基本趋于稳定，城镇化继续较快推进，因此投资增速慢于“十三五”期间，但仍保持较高增速，劳动力数量负增长。从全要素生产率来看，随着对科学研究与开发（R&D）投入的增加、人力资本增长以及市场活力的增强，TFP 增速加快。这一时期，世界进入新一轮创新周期，中国的科技进步速度相应加快。在这一时期，资本和 TFP 对经济增长的贡献基本持平。

2036—2050 年：我国将进入后工业化发展阶段，城镇化进程放慢并趋于稳定，我国经济将进入中低速增长阶段，到 2050 年，接近中等发达国家的发展水平。从资本和劳动力要素来看，工业化和城镇化放慢之后，经济主要靠服务业和消费拉动，投资增速降低。但由于我国人均 GDP 水平仍低于欧美发达国家，所以投资率和投资增速高于发达国家平均水平，劳动力数量负增长。从全要素生产率来看，世界进入新一轮创新周期的高潮时期，新技术对经济各部门的渗透率提高，将推动我国及全球经济增长加速。在这一时期，TFP 将成为推动经济增长的最主要因素。

综合考虑影响我国潜在经济增长的要素投入及其变化规律，预计 2021—2025 年 GDP 年均增速为 5.5%（表 2-1），资本积累依然是拉动经济增长的主要动力，随着对 R&D 投入的增加、人力资本增长以及改革后市场活力的增强，TFP 对经济增长的贡献逐步提高，而劳动力对经济增长的贡献依然为负，但对经济增长负的贡献较“十三五”期间有所收窄，主要受“渐进式”延迟退休政策的影响；2026—2035 年我国 GDP 年均增长率为 5.0%，TFP 对经济增长的贡献超过资本的贡献，对经济增长的贡献率高达 54.5%；2036—2050 年我国 GDP 年均增长率为 3.5%，经济增长主要靠 TFP 拉动。

预计 2025 年前后，按市场汇率计算的我国名义 GDP 总量将达到 27 万亿美元，超过美国成为世界第一大经济体，2035 年我国名义 GDP 总量将达到 56 万亿美元，2050 年我国名义 GDP 总量约达到 115 万亿美元，人均 GDP 将达到约 8.5 万美元，约相当于同期美国人均 GDP 的 55%。

表 2-1　未来中国经济增长速度预测

年度	GDP（2015 年价）/亿元	时期	GDP 增速/%
2015	689 052	—	—
2020	947 523	2016—2020	6.6
2025	1 238 376	2021—2025	5.5
2035	1 969 610	2026—2035	5.0
2050	3 315 508	2036—2050	3.5

扣除人口总量自然增长因素后，2016—2020 年，人均 GDP 实际增速为 6.0%，低于 GDP 实际增速约 0.6 个百分点；2021—2025 年，人均 GDP 实际增速为 5.4%，低于 GDP 实际增速约 0.1 个百分点；2026—2035 年，人均 GDP 实际增速为 4.9%，低于 GDP 实际增速约 0.1 个百分点，与 GDP 增速之间的差距较“十三五”期间大幅缩小；2036—2050 年，人均 GDP 实际增速为 3.8%，高于 GDP 实际增速约 0.3 个百分点（表 2-2）。

表 2-2　未来我国人均 GDP 增长速度预测

年度	人均 GDP（2015 年价）/元	时期	人均 GDP 增速/%
2015	50 127	—	—
2020	66 932	2016—2020	6.0
2025	87 063	2021—2025	5.4
2035	136 408	2026—2035	4.9
2050	237 670	2036—2050	3.8

2.3.2　产业结构变化趋势预测

改革开放以来，我国经济持续快速发展开创了中国奇迹和中国模式，在产业结构上具体体现是国家引导、政策支持、资金投入、技术人才引进等不同发展要素相互作用。当前，我国正处在新时代的大背景下，积极调整和优化产业结构成为我国经济社会发展的重中之重。大力规范、调整、引领产业结构升级，并积极推进以“知识型服务业”为主体的现代服务业发展成为今后一段时期中国经济增长的重要推动力。

综合考虑 2020 年、2035 年、2050 年分产业的 GDP 实际增速和价格指数，得出基准方案下现价条件的产业结构，预测结构显示：2021—2025 年，我国制造业整体素质大幅提升，创新能力显著增强，“两化”（工业化和信息化）融合迈上新台阶，第二产业比重将降至约 34%；第三产业比重继续呈稳步上升趋势，其在经济发展中的主导地位进一步凸显，2025 年第三产业比重将上升至约 59%。2026—2035 年，第三产业比重呈稳步上升趋势，逐步成为经济发展的主导产业，第三产业比重在 2030

年前后突破 60%，三大产业结构由 2020 年的约 7.5∶37.5∶55.0 调整为 2035 年的约 5.4∶28.1∶66.5（表 2-3）。2036—2050 年，我国进入世界最发达的服务业强国行列，将成为全球高端服务业集聚中心，主导和引导全球价值链，经济控制力显著增强，第三产业比重在 2050 年前后将突破 70%，三大产业结构约由 2035 年的 5.4∶28.1∶66.5 调整为 2050 年的 3.5∶24.2∶72.3，表明我国服务业正在走向一个全新时代，在经济中的比重将不断增加。无论是生活型服务业还是生产型服务业，它们的发展和整体经济的发展是一种良性互动的关系，也是我国经济整体转型和升级的关键所在。我国经济需要跨越原有增长模式，通过服务业的转型和发展，再造“中国奇迹”。在当前和今后一段时期，中国应积极重视和引导第三产业的发展，尤其是鼓励和支持重点产业的知识创新和科技创新，确保中国在下一轮技术革命中处于引领地位。

表 2-3 未来中国产业结构预测

单位：%

产业分类	2020 年	2025 年	2035 年	2050 年
第一产业	7.5	6.9	5.4	3.5
第二产业	37.5	34.1	28.1	24.2
第三产业	55.0	59.0	66.5	72.3

2.3.3 人口及社会发展趋势预测

2.3.3.1 中长期我国人口总量预测

近年来，我国人口增长速度呈明显放慢趋势，但是，由于庞大的人口基数和增长的惯性作用，以及全面放开的“二孩”政策，未来我国人口出生率会小幅反弹，预计 2025 年中国人口总量为 14.26 亿人（表 2-4），将在 2030 年前后出现人口总量峰值，峰值约为 14.50 亿人，2050 年人口总量将下降至 13.95 亿人。

表 2-4 未来中国人口总量及年均增长速度预测

年度	人口总量/亿人	时期	人口增速/‰
2015	13.75	—	—
2020	14.16	2016—2020	5.9
2025	14.26	2021—2025	1.5
2035	14.44	2026—2035	1.3
2050	13.95	2036—2050	−2.3

2.3.3.2 中长期我国人口年龄结构预测

总体来看，今后我国老龄化趋势将进一步加剧。根据我国人口年龄结构的变化并考虑可能的生育政策调整，预测到2050年，我国人口老龄化的发展将大致经历三个阶段：快速老龄化阶段、加速老龄化阶段和缓速老龄化阶段。

（1）快速老龄化阶段（2016—2020年）

2016—2020年为快速老龄化阶段，同时我国也处于轻度老龄化社会。在此阶段，我国老年人口迎来第一个增长高峰，将达到1.86亿人（表2-5），占比达到13.2%。这一阶段增加的老年人口为“50后”，他们的思想观念、收入水平、生活方式不同于“30后”“40后”，虽然受计划生育影响，但是部分城镇和大多数农村“50后”仍是有2个及以上子女，这些子女是“50后”老年人经济来源的主要补充，但这些子女目前是社会的中坚力量，不太可能为其父母提供家庭养老服务。不过，他们是发展老龄金融的重要客户群体，这一阶段是中国老龄产业发展的黄金战略准备期。

表2-5 未来我国人口年龄结构预测

年度	人口总数/万人	年龄结构总量/万人			年龄结构占比/%		
		0～14岁	15～64岁	65岁以上	0～14岁	15～64岁	65岁以上
2015	137 462	22 715	100 361	14 386	16.5	73.0	10.5
2020	141 565	22 933	99 992	18 639	16.2	70.6	13.2
2025	142 635	22 679	97 277	22 679	15.9	68.2	15.9
2035	144 391	22 092	91 399	30 900	15.3	63.3	21.4
2050	139 500	20 367	80 213	38 921	14.6	57.5	27.9

（2）加速老龄化阶段（2021—2035年）

2021—2035年，中国老年人口将迎来第二个增长高峰，也是21世纪老年人口增长规模最大的一次，由1.86亿人增长到3.09亿人，开始向中度老龄化社会过渡。老年人口将超过少儿人口，标志着我国从主要抚养儿童的时代迈入主要赡养老人的时代。这一阶段的老年人口主要是“60后”。这批人经历了严格的计划生育，子女数量锐减，城市老年夫妇平均不到1个子女，农村老年夫妇平均也只有约2个子女。这批人思想观念开放、生活方式现代化、经济实力也比较雄厚。

（3）缓速老龄化阶段（2036—2050年）

2036—2050年为缓速老龄化阶段，我国迈入中度老龄化社会。在此阶段，中国总人口进入负增长阶段，人口总量开始减少，老年人口增长态势放缓，由3.09亿人增长到3.89亿人，占比达到27.9%，也就是说我国每3个人中就有1名65岁及以上的老年人。这一阶段增加的老年人口大多是“70后”，他们中很多人拥有巨大的老龄金融资产，将是老龄产业的直接消费者和间接消费者。在此阶段，我国老龄产业发展进入成熟期。

2.3.3.3 城镇化发展趋势预测

一般而言，城镇化率 30%～70%是城镇化的快速推进时期。其中，城镇化率 50%是一个重要的转折点。以此为界，城镇化率 30%～50%为加速时期；城镇化率 50%～70%为减速时期。当前，我国城镇化率已越过 50%的拐点，2019 年达到 60.6%，今后城镇化的速度将逐步放慢，由加速推进向减速推进转变。然而，由于发展阶段和城镇化水平的差异，未来各地区城镇化将呈现不同的发展趋势。总体上看，东部和东北地区已进入城镇化减速时期，其城镇化速度将逐步放慢；而中西部地区仍处于城镇化加速时期，是我国加快城镇化的主战场。随着中西部城镇化进程的加快，中西部与东部地区间的城镇化率差距将逐步缩小。

根据国际经验并结合我国的国情，我国不可能像某些城市型小国那样达到 100%的城镇化率。即使未来中国农业人口比重下降到 10%以下，仍有相当一部分非农业人口因工作需要或对农村的向往而愿意居住在农村。到 2050 年，我国城镇化率将接近这一“天花板”，届时我国的城乡人口结构和空间结构将基本趋于稳定。

《国家新型城镇化规划（2014—2020 年）》提出，健康有序发展城镇化，到 2020 年，我国常住人口城镇化率约达到 60.4%（表 2-6），户籍人口城镇化率约达到 45%，努力实现约 1 亿农业转移人口和其他常住人口在城镇落户。在这种情境下，采用经验曲线法、经济模型法和联合国城乡人口比增长率法对我国城镇化趋势进行预测，综合考虑三种方法的预测结果，到 2025 年，我国城镇化率将达到约 64.6%，2035 年我国的城镇化率将达到 68.5%，之后我国将进入城镇化缓慢推进的后期阶段；2050 年我国的城镇化率将达到约 75.0%，总体完成城镇化的任务。

表 2-6 未来我国城镇化发展水平预测

年度	人口总数/万人	城镇		乡村	
		人口数/万人	比重/%	人口数/万人	比重/%
2015	137 462	77 116	56.1	60 346	43.9
2020	141 565	85 575	60.4	55 989	39.6
2025	142 635	92 142	64.6	50 493	35.4
2035	144 391	98 908	68.5	45 483	31.5
2050	139 500	104 625	75.0	34 875	25.0

第 3 章　能源消费预测

综合考虑国内、国际经济发展和重大改革等，采用国家信息中心构建的我国中长期宏观计量经济预测模型和大型动态可计算一般均衡模型，构建了我国能源—经济中长期预测模型体系，并重点对 2025 年、2030 年和 2035 年我国能源发展进行预测。

3.1　未来我国能源发展的阶段性特征

3.1.1　2025—2030 年是我国能源加速转型期

2025—2030 年是我国步入绿色能源时代的过渡期，也是能源转型升级的攻坚期。在此期间，能源消费低速增长，2030 年能源消费总量预计约在 54 亿 t 标准煤，全社会用电量约 9 万亿 kW·h。清洁能源消费占比约达 35%，其中，非化石能源消费比重达到 20%以上，取代石油成为第二大能源。煤炭消费比重下降到 50%以下，煤炭减量主要依靠天然气和非化石能源增量弥补。电力在终端能源消费中的比重提高到 29%。非化石能源发电装机占比提高到 54%，超越化石能源发电装机，成为主力电源。能源自给率保持在 80%。能源系统效率显著提升，单位 GDP 能耗下降到 0.37 t 标准煤/万元，较 2015 年下降 48%，弃风率、弃光率控制在约 5%，煤电平均供电煤耗降至 300 g 标准煤/kW·h 以下。碳排放总量达到峰值，CO_2 排放总量控制在 100 亿 t 以内，碳排放强度降低到 0.67 t/万元，较 2015 年下降超过 40%。

3.1.2　2030 年后我国将逐步进入绿色能源时代

2030—2050 年是我国能源转型升级的成熟期和稳定期，能源消费逐渐达到峰值。2050 年能源消费总量预计约为 58 亿 t 标准煤，煤炭消费比重约下降到 30%，非化石能源消费比重提高到 40%以上，取代煤炭成为第一大能源。电力在终端能源消费中的比重提高到 38%。非化石能源发电装机占比提高到 70%以上，电量占比提高到 62%。能源自给率提高到 85%以上。能源系统效率进一步提升，单位 GDP 能耗下降到 0.19 t 标准煤/万元，较 2030 年下降 49%。碳排放总量和强度继续降低，在不考虑 CO_2 捕集与封存（CCS）等关键技术取得突破的前提下，CO_2 排放总量控制在 80 亿 t 以内，碳排放强度降低到 0.24 t/万元，较 2015 年下降 64%。

3.2 技术路线与模型方法

3.2.1 能源供需预测模型总体设计

迈向美丽中国的能源供需预测模型系统是以能源—经济系统的投入产出关联理论、一般均衡理论、全局优化的能源系统分析框架为理论基础，综合运用自顶向下及自底向上的能源预测模型构建的能源系统运行模拟和预测预警工具。主要具备三方面功能：①对全国及各地区未来经济社会发展中的能源消费、加工转换和一次能源生产活动进行仿真；②对所需的煤、电、油、气终端能源消费量和一次能源供需平衡进行预测；③对经济和能源领域重大政策引起的能源供需平衡的潜在变动进行模拟。

3.2.2 模型系统理论框架设计与运行流程

3.2.2.1 框架设计

能源预测预警模型系统按照从概念设计、语言描述、物理抽象到数学建模的逻辑，把现实中的能源—经济系统抽象简化成若干决策行为方程和关系方程。模型系统的基本原理是：经济增长产生能源需求；价格调整实现供需平衡；最优投资满足生产能力。具体数学建模按照能源—经济系统的投入产出关联关系和一般均衡法则，沿能源终端消费、加工转换和资源开采的产业链逆序构建成能源—经济仿真系统，将经济生产生活对各品种能源的终端需求预测、各品种能源的加工转换和一次能源供应细化成相对独立的若干行为模块，模块间则通过能量输送、成本传递相互联通。系统基本架构如图 3-1 所示。

模型系统的主要输出包括：①满足到 2050 年经济发展的一次能源生产量、需求量、进口量和出口量；②各品种能源终端用能量；③能源价格水平；④能源行业最优投资；⑤技术进步。

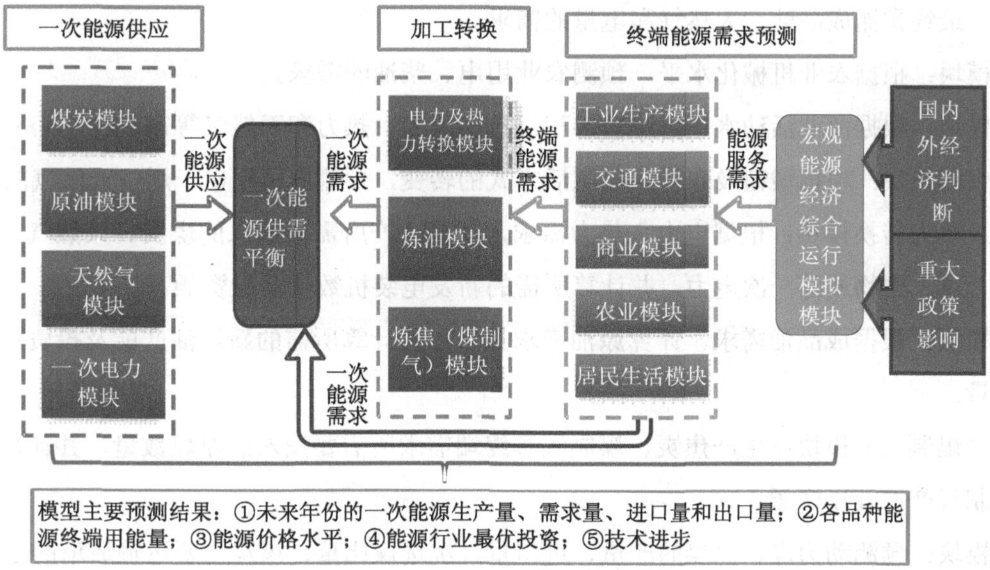

图 3-1　模型系统架构

3.2.2.2　各模块功能介绍

具体而言，模型包括如下 16 个模块：1 个确保能源经济协调发展、能源供需平衡的宏观能源经济综合运行模拟模块；5 个终端能源需求预测子模块：工业生产模块、交通模块、农业模块、商业模块以及居民生活模块；3 个中间加工转换子模块：电力及热力转换模块、炼油模块、炼焦（煤制气）模块；4 个一次能源供应模块：煤炭模块、原油模块、天然气模块以及一次电力模块（该模块拟与电力及热力转换模块合并）。此外，模型还包括 3 个平台互联端口模块，确保各模块之间实现标准化的互联互通。

各模块功能描述如下：

宏观能源经济综合运行模拟模块：将关于国际国内经济发展走势、产业结构调整、资源环境约束、重大政策制定等因素的判断都纳入能源供需预测的考虑范围，开展能源服务需求预测和给出初步的能源供需总体平衡判断。模型依靠相对稳定的行业间投入产出关系，确保经济总量和各行业发展的协调一致；确保主要耗能产品与经济整体发展的协调一致；确保各行业能源需求与各行业产品产出的协调一致；也确保能源需求总量与各行业能源需求的协调一致。最终为能源需求总量与经济发展总量的相关关系寻找到足够坚实的微观证明。

工业生产模块：工业生产过程中消耗煤炭、焦炭、煤制气、电力、热力、成品油、天然气的数量，需要重点关注四大高耗能行业以及其他发展较快的制造业用能情况。

交通模块：根据未来经济走势和居民生活水平判断公路、铁路、水路、航空的货运周转量、客运周转量，最终预测成品油、天然气和电量的需求。

农业模块：根据农业机械化水平，预测农业用电、柴油的需求。

商业模块：根据商业活动水平、建筑面积，预测电力、热力和天然气等需求。

居民生活模块：根据城镇及农村居民生活方式的转变，预测居民用电、煤、天然气的需求。

电力及热力转换模块：根据电力、热力需求，计算生产所需要投入的煤炭、天然气、油品，以及水、核、风、生物质等一次电力，并计算所需的新发电装机数量及投资额。

炼油模块：根据成品油需求，计算原油需求量，以及计算所需的新炼油产能及投资额；计算成品油进口量。

炼焦（煤制气）模块：生产焦炭、煤制气等终端需求所需要投入的原煤数量，并计算所需的新炼焦、煤制气产能及投资额。

煤炭模块：预测动力煤、焦煤的产量、进口量、洗选煤比重、煤炭主要运输通道的运量。

原油模块：综合考虑国际油价、国内资源储量、管线建设情况、国企海外采购及“走出去”情况，给出原油开采量和进口量、库存量的预测，同时给出每年原油开采业的投资需求。

天然气模块：综合考虑国际天然气价，国内常规天然气、非常规天然气的储量，管线建设情况，国企海外采购及“走出去”情况，给出天然气开采量和进口量、库存量的预测，同时给出每年天然气开采的投资需求。

一次电力模块：并入电力及热力转换模块。

各能源环节子模块之间设置平台互联端口模块，实现对各机构子模块的组织协调，以及建立标准化互联互通机制。

3.2.2.3 模型系统的运行流程

模型系统的运行流程主要包括如下 8 个步骤，如图 3-2 所示。

（1）宏观能源经济综合运行模拟模块率先启动预测工作，基于宏观经济发展走势和重大政策的判断，计算能源服务需求。向平台互联端口模块 1 输出的主要变量有主要宏观经济参数、主要能源产品的价格初始值以及表征各行业能源服务需求的指标，如主要工业品生产量、主要服务业增加值、主要交通运输周转量、公共交通客运量、城乡居民收入、主要家用电器数量以及拥有的汽车数量、住房面积等。

（2）平台互联端口模块 1 中审核输入的能源服务需求量、能源价格后，根据需要输出至各终端能源需求子模块。

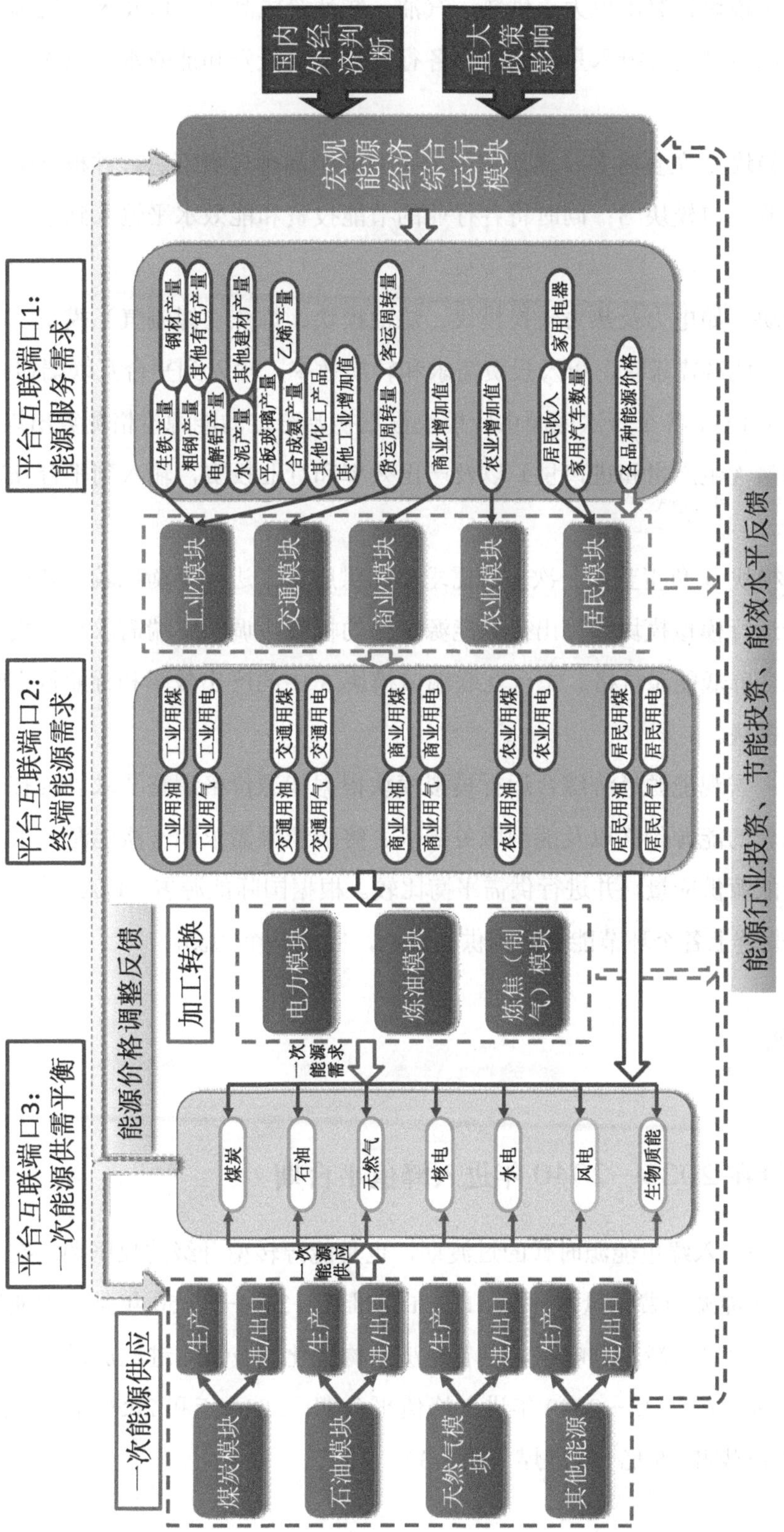

图 3-2 模型系统运行流程

（3）终端能源需求子模块计算出电力、供热，汽油、柴油等成品油，以及天然气等终端能源需求和作为工业生产原料的各种能源投入量；同时将各行业的节能投资和能效水平也输入到平台互联端口模块 2 中。

（4）平台互联端口模块 2 负责将各子模块的需求按照能源品种分类汇总，并根据需要输入给中间转换模块或者平台互联端口模块 3；同时将各行业的节能投资和能效水平输入到宏观能源经济综合运行模拟模块中。

（5）各加工转换模块，如电力及热力转换模块、炼油模块、炼焦（煤制气）模块，根据终端能源需求推导出所需的一次能源需求量，以及投资需求和转换效率，输入到平台互联端口模块 3 中。

（6）与能源需求预测并行，各个一次能源供应模块根据初始给定的能源价格测算出煤炭、原油、天然气的一次能源供应量（生产量和进口量）以及产出效率和行业投资，输入到平台互联端口模块 3 中。

（7）平台互联端口模块 3 负责整理一次能源需求量和供应量，进行平衡比较。若供小于需，则利用宏观能源经济综合运行模拟模块测算出提高能源价格的幅度，调整终端需求和一次能源供应。反之，若供大于求，也会降低能源价格。平台互联端口模块 3 中的产出效率和行业投资输入到宏观能源经济综合运行模拟模块。

（8）启动迭代流程：宏观能源经济综合运行模拟模块根据能源价格调整要求以及整个能源行业的投资、能效水平计算新的能源价格以及能源服务需求、终端能源需求和一次能源需求。一次能源供应模块重新计算一次能源供应量，并进行供需平衡比较。根据国际能源署（IEA）经验，经过 1～2 次迭代，整个能源产业链上各个环节能够达到供需平衡，完成整个预测。

3.3 预测结果分析

3.3.1 能源消费总量在 2035—2040 年进入峰值平台期

2025—2030 年是我国步入绿色能源时代的过渡期，也是能源转型升级的攻坚期。在此期间，能源消费低速增长，2025 年能源消费总量预计约 51 亿 t 标准煤。2041—2050 年是我国能源转型升级的成熟期和稳定期，能源消费逐渐达到峰值。随着经济结构优化、城镇化进程放缓、能源转型等，一次能源需求将逐步放缓，在 2035—2040 年进入峰值平台期，2035 年和 2050 年全国能源年消费总量预计约为 56 亿 t 标准煤和 58 亿 t 标准煤（图 3-3）。

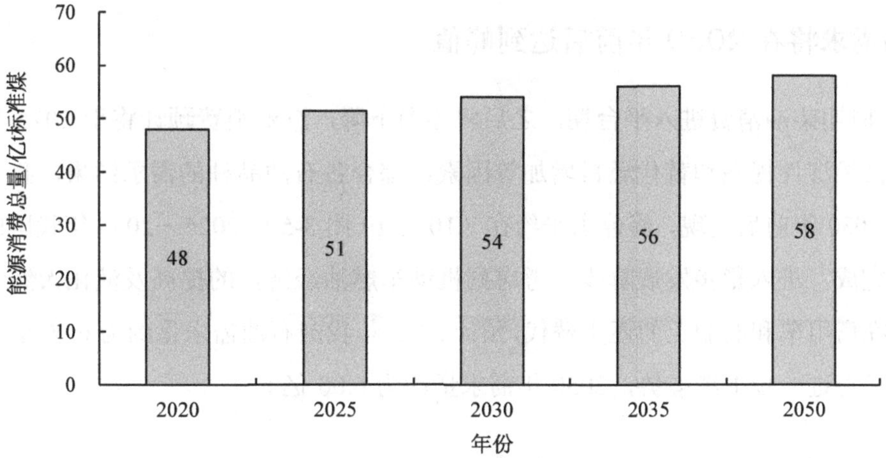

图 3-3 我国能源消费总量预测

3.3.2 目前煤炭消费已经进入峰值期，未来呈总体下降趋势

2013 年以来，受经济增速放缓、产业结构调整、双替代加快等因素影响，我国煤炭消费总量逐年下降。到 2025 年，受发展模式和能源供应模式惯性制约，客观上经济增长仍然需要煤炭的强力支撑，预计 2025 年煤炭消费总量将维持在 37.7 亿 t 水平；2025—2035 年，越来越多的经济活动对煤炭的刚性依赖下降，散煤完成深度替代，2035 年煤炭消费总量降至 33.9 亿 t；2035 年后，非化石能源加速替代发电用煤，煤炭需求总量大幅降低，预计 2050 年降至 26.0 亿 t（图 3-4）。总体来看，我国煤炭消费总量已于“十二五”“十三五”期间达到峰值水平，未来呈总体下降趋势。

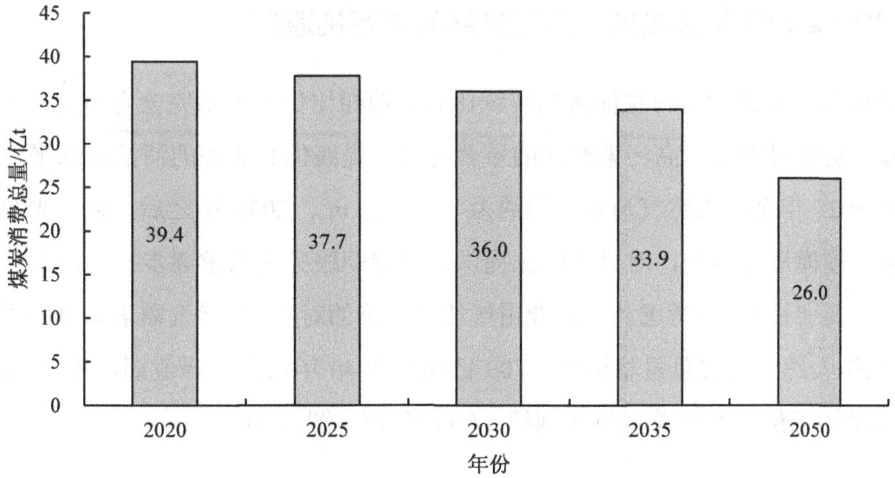

图 3-4 我国煤炭消费总量预测

3.3.3 石油需求将在 2030 年前后达到峰值

“十三五”时期柴油消费进入平台期，之后将逐渐下降，汽油消费预计将于 2025 年前后达到峰值，考虑到燃油经济性提高和替代燃料增加等因素，综合各石油品种的需求结果，我国石油需求总量的峰值将在 2030 年前后出现，峰值水平约在 7.10 亿 t（图 3-5）。2025—2035 年我国的工业化和城镇化先后趋于完成，进入稳步发展阶段，考虑到机动车燃油经济性的提高及液化天然气（LNG）和燃料电池技术在商用车和船舶上的逐步替代，预计 2035 年我国石油需求量约为 6.90 亿 t；2035—2050 年石油需求将呈现进一步下滑态势，2050 年需求量约为 6.00 亿 t。

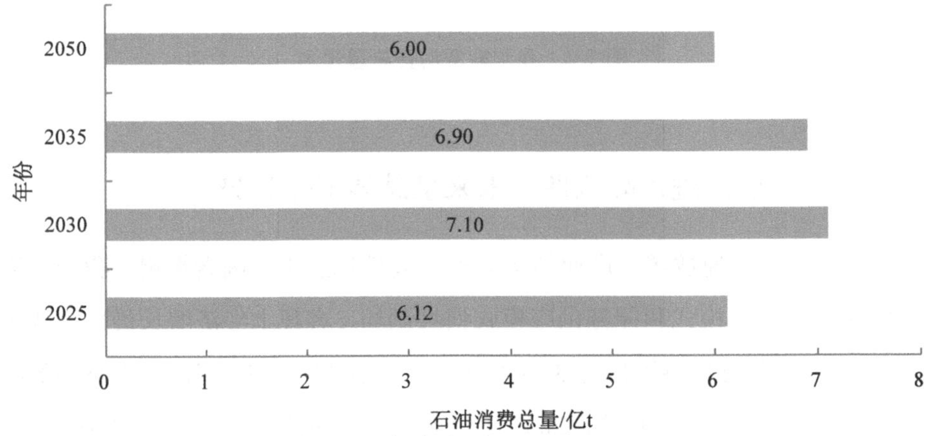

图 3-5 我国石油消费总量预测

3.3.4 2020—2030 年是我国天然气发展的重要机遇期

2020—2030 年，考虑到可再生能源与传统化石能源相比仍不具备完全竞争力，天然气将作为理想的过渡能源，实现对散煤、高污染油品的显著替代，提高化石能源的清洁化水平，降低大气污染物排放，预计 2025 年全国天然气消费总量约为 4 920 亿 m^3。2030 年之后，风、光等可再生能源经济性日益增强，规模显著增大，对灵活电源提供调峰辅助服务的需求逐步扩大，天然气发电将成为天然气需求的主要增长点，但考虑到制造业用气达峰下降的对冲，天然气需求总量增长将明显放缓，预计 2035 年全国天然气消费总量将达到 5 700 亿 m^3。2040 年将进入峰值期，并一直维持到 2050 年前后，2050 年全国天然气消费总量将达到约 6 000 亿 m^3（图 3-6）。

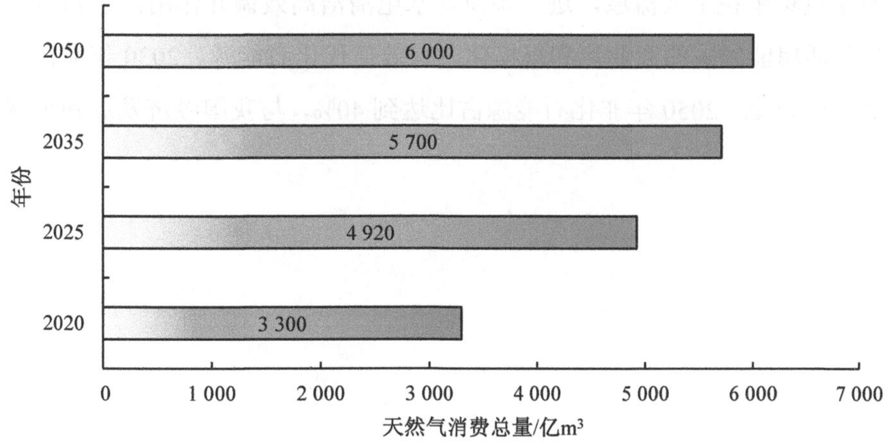

图 3-6　我国天然气消费总量预测

3.3.5　我国电力需求具有较大增长空间

随着我国产业结构优化升级、城镇化持续推进、居民生活水平稳步提高，装备制造业和轻工产业、第三产业和居民生活用电量都呈增长态势，2016—2035 年分别贡献全社会用电增量的 30%、50%，其中 2025 年全社会用电量约 8.3 万亿 kW·h。2035 年后，制造业稳居全球产业链高端位置，制造业用电达到峰值。第三产业及居民消费成为拉动用电增长的主要因素，2035—2050 年将贡献用电增量的 70%以上。2035 年全社会用电量约 11.3 万亿 kW·h，电力消费在 2050 年前未达到峰值，2050 年全社会用电量约 11.7 万亿 kW·h（表 3-1）。

表 3-1　用电量预测　　单位：亿 kW·h

	2015 年	2020 年	2025 年	2035 年	2050 年
全社会用电量	56 373	72 890	83 420	112 610	117 000
第二产业用电量	40 928	47 730	53 160	65 610	60 100
第三产业用电量	7 159	12 340	15 650	22 860	24 700
居民用电量	7 266	11 730	14 610	22 310	30 300

3.3.6　非化石能源布局更加优化

2025—2050 年，核电和可再生能源将实现协同高效发展，风电未来优先开发中东部和南方地区，同步解决智能电网和调峰问题；太阳能发电更加注重分布式发电的利用，逐步解决商业运行模式等问题；水电开发重点集中在十大流域，进一步发挥水电清洁高效调峰作用；生物质能实现电力、供热、交通、农村生活用能领域的商业化和规模化，有效替代化石能源。2030 年非化石能源占一次能源消费比重达到 20%以上，2050 年非化石能源占比达到 40%，与我国经济发展和全球生态治理预期较为匹配。

第 4 章　水资源消耗预测

水资源作为与粮食、能源同等重要的基础性自然资源和战略性经济资源，在经济、社会发展和国家安全中具有极其重要的地位。而当前我国水资源短缺现象仍未得到根本性缓解。人均水资源占有量不足世界平均水平的 1/4，被联合国列为 13 个贫水国之一，目前有超过半数的省（区、市）人均水资源量低于严重缺水线，有 6 个省（区）人均水资源量低于 500 m^3，属于极度缺水地区。与此同时，我国水资源呈现出时空分布严重不均衡现象，洪涝干旱现象频发，严重威胁国家经济和社会安全。准确、客观地掌握我国水资源现状并对未来用水量趋势进行预测对我国构建节约型社会具有积极影响。

4.1　水资源使用现状

4.1.1　用水总量保持稳定

2016 年我国用水总量为 6 040 亿 m^3，其中以农业用水为主，农业用水量达到 3 768 亿 m^3，占全部用水量的 62.38%；其次是工业用水，占比为 21.66%；生活用水量为 822 亿 m^3，占比 13.61%；人工生态环境补水量（包括通过人为措施供给的城镇环境用水和部分河湖、湿地补水）最小，为 143 亿 m^3，占比为 2.37%。从 2011—2016 年变化趋势来看（图 4-1），我国用水总量基本保持稳定，呈现出先上升、后下降的趋势，在 2013 年达到拐点。用水总量从 2011 年的 6 108 亿 m^3 下降到 2016 年的 6 040 亿 m^3，年均增长率为−0.78%。

从许多国家的经验来看，无论一个国家的水资源总量丰富还是相对贫乏，其用水总量都会经历类似于“库兹涅茨曲线”式的变化过程，即快速增长期→缓慢增长期→稳定期→缓慢下降期 4 个阶段。而从 1949—2016 年来看，我国用水大致经历了 1949—1980 年年均增幅达 4.82%的快速增长期，以及 1981—2016 年年均增幅 1.01%的缓慢增长期。

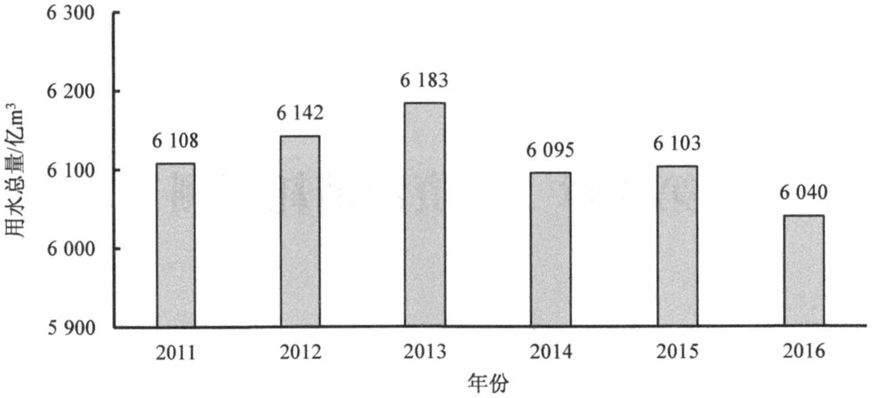

图 4-1　2011—2016 年我国用水总量

4.1.2　用水结构“二增二减”

从用水结构上来看，2012—2016 年呈现农业用水、工业用水减少而生活用水、生态用水增加的趋势（表 4-1）。具体来看，农业用水量从 2012 年的 3 880 亿 m^3 减少到 2016 年的 3 768 亿 m^3，减少了 112 亿 m^3，其所占比例也由 2012 年的 63.17%下降到 2016 年 62.38%，其原因主要与我国大力发展节水灌溉技术、提倡农田科学管理有很大关系。与农业用水量相似，工业用水量 2012—2016 年减少了 116 亿 m^3，年均减少 1.7%，这主要源于产业结构的调整以及供给侧结构性改革的不断深入，电力、化工、钢铁等高耗水工业逐渐被以电子产业为主的新兴工业所代替；另外随着技术进步，用水效率得到提高。生活用水量在这 5 年内出现了增加，由 2012 年的 729 亿 m^3 增加到 2016 年的 822 亿 m^3，增量达 93 亿 m^3，占比也由 12.93%增长到 13.01%，这主要与城乡居民生活水平显著提高有直接关系。与之相类似，随着人们对生态环境的不断重视，生态用水量也出现了一定幅度的增长，2012—2016 年净增量为 34 亿 m^3。

表 4-1　2012—2016 年全国用水结构

年份	农业用水		工业用水		生活用水		生态用水		人均用水量/m^3
	用水量/亿 m^3	占比/%	用水量/亿 m^3	占比/%	用水量/亿 m^3	占比/%	用水量/亿 m^3	占比/%	
2012	3 880	63.17	1 424	23.94	729	12.93	109	1.83	455
2013	3 922	63.43	1 406	23.18	750	11.87	105	1.77	456
2014	3 870	63.49	1 353	22.74	768	12.13	104	1.70	447
2015	3 852	63.12	1 335	22.20	794	12.60	123	1.71	445
2016	3 768	62.38	1 308	21.87	822	13.01	143	2.02	438

4.1.3　用水效率稳步提高

一个国家的用水效率和其经济发展阶段有着直接的关系，通常情况下，经济发展初期的用水效率比较低，经济发展到达一定水平后，用水效率就会逐步提高。而我国经济经历了前期爆发式增长后，近期呈现出又好又快的发展态势，体现在水资源利用方面为用水效率的稳步提高。图 4-2 为 2012—2016 年我国各项用水效率指标变化。从中可以看出：

（1）农田用水有效灌溉系数由 2012 年的 0.516 提高到 2016 年的 0.542。随着生态文明建设的深入推进，2012—2016 年我国合理控制灌溉规模，推进节水增粮，深入实施低压管灌、喷灌、水肥一体化等一系列措施，共新增节水灌溉面积 1 亿亩①，高效节水灌溉面积已超 3 亿亩，告别了传统大水漫灌的局面，在有效灌溉面积净增加 465 万 hm^2 的前提下，农业用水量仍减少 112 亿 m^3，亩均灌溉用水量由 2012 年的 414 m^3 下降为 2016 年的 374 m^3，下降幅度达 9.66%。

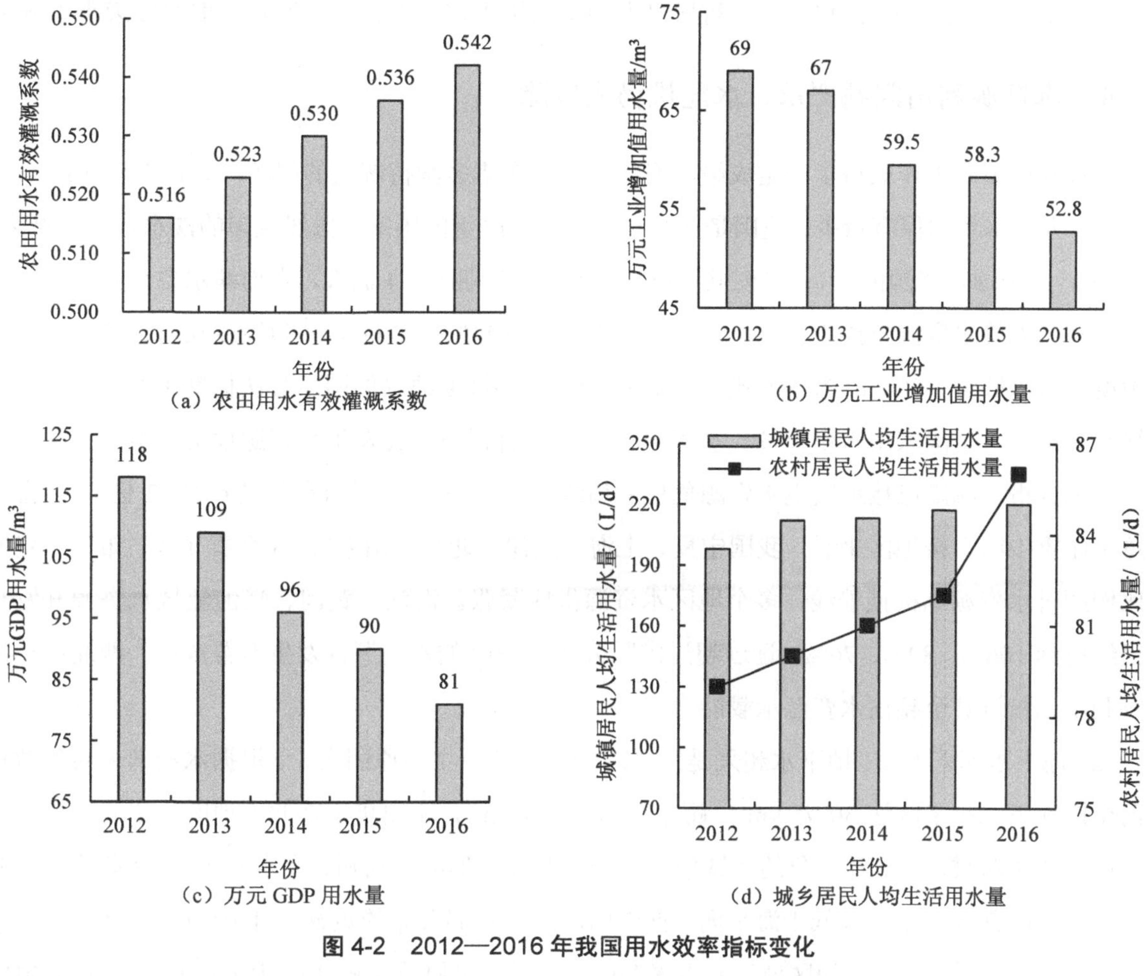

（a）农田用水有效灌溉系数

（b）万元工业增加值用水量

（c）万元 GDP 用水量

（d）城乡居民人均生活用水量

图 4-2　2012—2016 年我国用水效率指标变化

① 1 亩=1/15 hm^2。

（2）万元 GDP 用水量和万元工业增加值用水量呈现明显下降趋势。万元 GDP（均为当年价）用水量由 118 m^3 降至 81 m^3，降幅为 31.4%，而万元工业增加值（均为当年价）用水量由 2012 年的 69 m^3 下降为 2016 年的 52.8 m^3，降幅为 23.5%。这主要得益于产业布局和经济结构的调整、技术进步与产业优化升级、用水管理和节水水平的提高。特别是在钢铁、化工、造纸等高耗水行业下降幅度尤为显著，据统计 2011—2016 年，我国钢铁行业取水量由 26.2 亿 m^3 下降到 24.2 亿 m^3；吨钢耗新水量由 4.07 m^3 下降到 3.41 m^3，约降低了 16.2%。2011—2015 年，我国造纸行业新鲜水取水量由 45.59 亿 m^3 降低到 28.98 亿 m^3，万元工业产值取水量由 67.4 m^3 下降到 40.6 m^3，降低了 39.76%。

（3）城乡居民人均生活用水呈增加态势。生活用水包含农村居民生活用水和城镇居民生活用水两部分，从图 4-2 中可以看出，2016 年我国城镇居民人均生活用水量为 220 L/d，是农村居民人均生活用水量的 2 倍多，这与我国城镇化水平的不断提高和城镇人口的逐渐增加有关。我国城镇化进程不断加快，人口增长率由 2012 年的 52.57%增加到 2016 年的 57.35%，相应地，城镇居民人均生活用水量也从 198 L/d 增长到 220 L/d；农村居民人均生活用水量随之也有所增长，但幅度远小于城镇。

4.1.4 水资源利用问题严重，水危机仍未解除

尽管我国节水工作取得了一定成绩，但同时也存在诸多亟待解决的问题，具体表现在：

（1）人均水资源保有量少。我国是一个干旱、缺水严重的国家。虽然我国的淡水资源总量为 2.8 万亿 m^3，占全球水资源的 6%，名列世界第六，但是我国拥有 14 亿人，人均淡水资源低于世界平均水平。我国人均水资源量约为 2 000 m^3，按照人均水资源低于 3 000 m^3 为轻度缺水、低于 2 000 m^3 为中度缺水、低于 1 000 m^3 为重度缺水、低于 500 m^3 为极度缺水的国际公认标准来看，我国处于中度缺水状态。一个国家用水量超过其水资源的 20%，就很可能会发生水资源危机。根据近几年的水资源状况分析，我国已接近发生水资源危机的边缘。2016 年，全国用水总量 6 040.2 亿 m^3，占水资源总量比重 19%。按地区来看，我国宁夏、上海、天津、北京、山东等 18 个省（区、市）水资源消耗比例超过水资源危机预警线，多个地区水资源供应紧张。海河、黄河、辽河流域水资源开发利用率已经达到 106%、82%、76%，远远超过国际公认的 40%的水资源开发生态警戒线，西北内陆河流开发利用已接近甚至超出水资源承载能力。

（2）地下水超采严重。地下水超采是造成地面沉降的最主要原因之一。根据水利部公布的数据，目前全国地下水超采区达 30 万 km^2，超采量约 170 亿 m^3，主要集中在北方地区。华北平原深层地下水已形成了跨冀、京、津、鲁的区域地下水降落漏斗，形成了沧州、衡水等 13 个沉降中心，甚至有近 7 万 km^2 面积地下水位低于海平面。据中国地质调查局公布的数据，自 1959 年以来，华北平原地面累积沉降超过 200 mm 的区域达 6 万多 km^2，占华北平原总面积（14 万 km^2）比例超过 40%。

（3）水资源利用率仍较低。一方面，用水方式较为粗放。2016 年，全国用水总量 6 040 亿 m^3，排名世界第一，占水资源总量比重为 19%，接近可能会发生水资源危机的边缘。分开来看，我国农田用水有效灌溉系数为 0.542，低于国际先进水平（0.7～0.8），万元工业增加值用水量约为国际先进水平的 2 倍，国内 600 多个城市供水管网的平均漏损率超过 15%。另一方面，替代水资源开发力度有待提高。所谓替代水资源是指除地下水资源、地表水资源等淡水资源以外的其他可以被利用的水资源，主要有污水资源、矿井水资源、雨水资源、海水资源等。2015 年，我国水资源的重复利用率约为 80%，其中工业用水重复利用率为 89.6%；海水资源利用方面，全球海水淡化工程规模已达 8 655 万 t/d，而我国海水淡化工程总规模为 100 多万 t/d，规模偏小，利用量较少。

4.2　基本思路与技术路线

用水预测包括农业用水、工业用水、生活用水、生态用水和重点行业用水五部分。

（1）预测指标

预测指标包括农业用水量、工业用水量、生活用水量、生态用水量、重点行业用水量。

（2）时间范围

基准年：2016 年；

预测重点年份：2020 年、2025 年、2030 年、2035 年。

（3）主要预测内容

①农业用水量预测：农业用水包括种植业用水和林牧渔业用水两部分，其中，种植业用水量，根据有效灌溉面积和单位灌溉面积用水系数测算，然后利用灌溉用水量占农业总用水量的比例测算农业总用水量。

②工业用水量预测：工业用水量利用各行业工业增加值和各行业的万元工业增加值用水量测算。

③生活用水量预测：生活用水包括城镇居民生活用水和农村居民生活用水两部分，这两部分用水量分别按城镇居民、农村居民的人口数量和城镇居民、农村居民的生活用水系数测算。

④生态用水量预测：根据生态用水量占其他 3 类主要用水量的比例估算生态用水量。

（4）技术路线

我国水资源消耗预测技术路线见图 4-3。

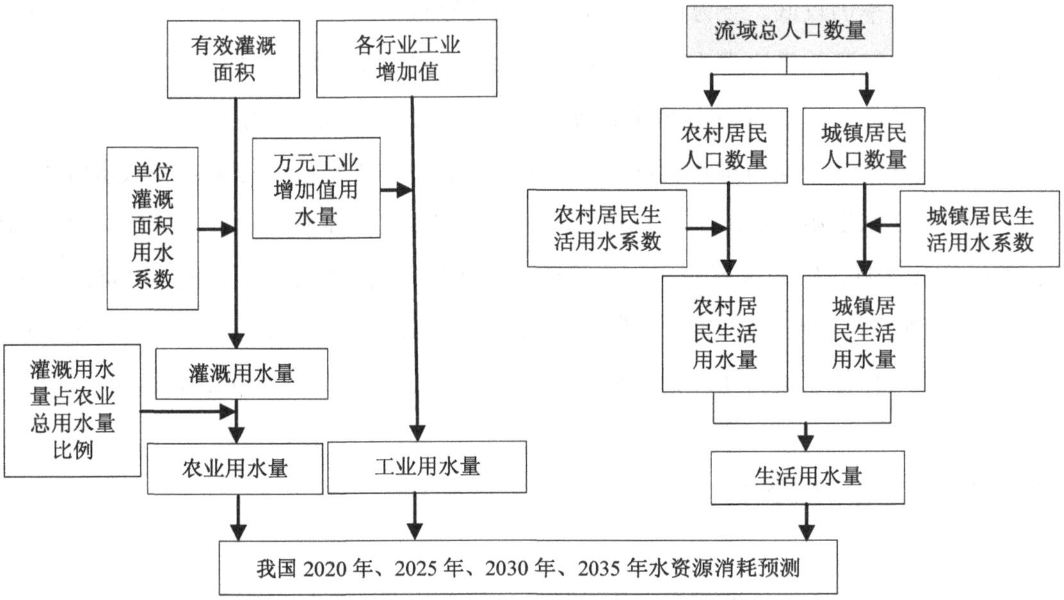

图 4-3　水资源消耗预测技术路线

4.3　预测模型与方法

4.3.1　预测模型

（1）农业用水量预测

种植业用水量的预测模型：

种植业灌溉用水量与单位灌溉面积用水系数和有效灌溉面积密切相关，其计算公式如下：

$$C_{\mathrm{pw}} = E_{\mathrm{pw}} \cdot S_{\mathrm{ps}} \tag{4-1}$$

式中，C_{pw} —— 种植业灌溉用水量，亿 m^3；

E_{pw} —— 单位灌溉面积用水系数，m^3/亩；

S_{ps} —— 有效灌溉面积，亿亩。

农业用水量预测模型：

农业用水量（C_{Aw}）＝种植业灌溉用水量/种植业灌溉用水量占农业总用水量的比例

（2）工业用水量预测

根据各行业工业增加值和各行业的万元工业增加值用水量测算各行业工业用水量；各行业工业新鲜水用水量为各行业工业总用水量减去各行业工业重复用水量。

工业用水量预测模型：

$$C_{\mathrm{Iw}(j)} = E_{\mathrm{iw}(j)} \cdot P_{i(j)} \times 10^{-4} \tag{4-2}$$

式中，j —— 工业行业种类；

$C_{\mathrm{Iw}(j)}$ —— 第 j 类行业的总用水量，亿 m^3；

$P_{i(j)}$ —— 第 j 类行业工业增加值，亿元；

$E_{\mathrm{iw}(j)}$ —— 第 j 类行业的用水系数，即万元工业增加值用水量，m^3/万元。

（3）生活用水量预测

生活用水包括城镇居民生活用水和农村居民生活用水，城镇居民生活用水量根据城镇居民人口数量和城镇居民用水系数计算得到，农村居民生活用水量根据农村居民人口数量和农村居民用水系数计算得到。

城镇居民生活用水预测模型：

$$C_{\mathrm{cw}} = C_{\mathrm{tew}} \times P_{\mathrm{c}} \times 365/1\,000 \tag{4-3}$$

式中，C_{cw} —— 城镇居民生活用水量，亿 m^3；

C_{tew} —— 城镇居民用水系数，L/（人·d）；

P_{c} —— 城镇居民人口数量，亿人。

农村居民生活用水预测模型：

$$C_{\mathrm{rw}} = C_{\mathrm{rew}} \times P_{\mathrm{r}} \times 365/1\,000 \tag{4-4}$$

式中，C_{rw} —— 农村居民生活用水量，亿 m^3；

C_{rew} —— 农村居民用水系数，L/（人·d）；

P_{r} —— 农村居民人口数量，亿人。

生活用水量（C_{Lw}）：

$$C_{\mathrm{Lw}} = C_{\mathrm{cw}} + C_{\mathrm{rw}} \tag{4-5}$$

（4）生态用水量预测

生态用水量根据生态用水量占总用水量（工业、农业、生活之和）的比例估算。

生态用水量预测模型：

$$C_{\mathrm{Tw}} = (C_{\mathrm{Aw}} + C_{\mathrm{Iw}} + C_{\mathrm{Lw}}) \times \frac{r}{1-r} \tag{4-6}$$

式中，C_{Tw} —— 生态用水量，亿 m^3；

C_{Aw} —— 农业用水量，亿 m^3；

C_{Iw} —— 工业用水量，亿 m^3；

C_{Lw}—— 生活用水量，亿 m^3；

r—— 生态用水量占总用水量的比例，%。

4.3.2 模型参数确定

模型参数的预测方法与依据见表 4-2。

表 4-2 参数的预测方法与依据

行业	指标	预测方法与依据
农业	有效灌溉面积	根据 2006—2016 年统计数据分析，有效灌溉面积总体呈上升趋势，采用时间序列的二次加权移动平均法，预测 2020 年、2025 年、2030 年以及 2035 年的有效灌溉面积
	单位灌溉面积用水系数	根据 2006—2016 年的现状数，采用时间序列的二次加权移动平均法、趋势外推方法预测单位灌溉面积用水系数
工业	各行业工业增加值	经济预测模块提供
	各行业总用水系数	根据各行业的用水系数，进行趋势外推预测得出，增长过程一般符合幂函数的模型，其预测模型为 $R_{\mathrm{iw}(n)(i)} = a \cdot x^b$
生活	城镇和农村居民人口	人口预测模块提供
	城镇居民用水系数	我国城镇居民用水系数从 2011 年的 198 L/（人·d）上升到 2016 年的 220 L/（人·d），随着居民生活水平的提高以及城镇居民人口不断增加，城镇居民人均日用水量总体呈现上升趋势，采用时间序列的二次加权移动平均法、趋势外推方法预测
	农村居民用水系数	我国农村居民用水系数从 2012 年的 79 L/（人·d）上升到 2016 年的 86 L/（人·d），随着农村居民生活水平的提高，未来农村居民的生活用水量必然呈上升趋势，采用时间序列的二次加权移动平均法、趋势外推方法预测
生态	生态用水量占其他 3 类主要用水量的比例	2012—2016 年生态用水量占比约从 1.83%提高到了 2.02%，预计未来这一比例将呈上升趋势，到 2035 年约达到 3.88%

数据来源：《中国水资源公报》。

4.3.3 模型相关参数预测结果

（1）用水预测模型相关参数

农业用水、生活用水和生态用水相关的参数见表 4-3。

表 4-3　农业用水、生活用水和生态用水相关的参数

年份	耕地面积/亿 hm^2	有效灌溉面积/万 hm^2	单位灌溉面积用水系数/（m^3/亩）	城镇居民用水系数/[L/（人·d）]	农村居民用水系数/[L/（人·d）]	生态用水占总用水量的比例/%
2020	17.36	7 082.8	347.99	226.11	91.33	3.70
2025	18.04	7 598.6	316.14	235.55	99.67	5.00
2030	18.72	8 114.4	280.39	245.00	108.00	6.00
2035	19.40	8 630.2	248.69	254.44	116.33	7.00

（2）工业用水相关的参数

工业用水相关参数见表 4-4、表 4-5。

表 4-4　重点工业行业总用水系数　　单位：t/元

	2020 年	2025 年	2030 年	2035 年
工业全行业	0.004 49	0.004 27	0.003 29	0.002 54
火电行业	0.059 01	0.050 16	0.042 63	0.038 37
化工行业	0.003 84	0.003 26	0.002 77	0.002 50
钢铁行业	0.002 43	0.002 07	0.001 76	0.001 58
非金属矿物制品业	0.001 96	0.001 80	0.001 60	0.001 40
石化行业	0.002 24	0.001 90	0.001 62	0.001 46
食品行业	0.002 57	0.002 30	0.001 90	0.001 50
造纸和纸制品业	0.009 15	0.007 78	0.006 61	0.005 95
纺织业	0.003 39	0.002 88	0.002 45	0.002 21

表 4-5　重点工业行业增加值　　单位：亿元

	2020 年	2025 年	2030 年	2035 年
工业全行业	359 343	382 177	504 146	644 982
火电行业	17 913.82	23 175.83	28 580.88	33 208.76
化工行业	18 606.89	23 354.48	28 657.18	33 471.63
钢铁行业	15 921.99	14 846.55	14 178.99	13 228.75
非金属矿物制品业	12 753.06	11 579.73	10 814.15	9 986.77
石化行业	16 437.93	19 306.18	20 764.88	20 716.24
食品行业	9 130.25	12 782.51	17 351.06	22 822.06
造纸和纸制品业	5 839.20	7 985.87	10 036.97	11 048.71
纺织业	10 954.53	13 770.87	17 153.28	21 219.50

4.4 预测结果与分析

4.4.1 农业用水量预测结果

依据《中国统计年鉴》和《中国水资源公报》2012—2016 年的统计数据资料进行分析可知，2012—2016 年，全国耕地有效灌溉面积总体呈现增长趋势［图 4-4（a）］，而同时全国耕地亩均灌溉量变化则呈现下降趋势（2013 年除外）［图 4-4（c）］。同时，结合国家当时对农业耕地的保护政策、保障措施及农田水利基础设施建设情况等，对未来全国耕地有效灌溉面积和全国耕地亩均灌溉量进行了预测，结果如图 4-4（b）和图 4-4（d）所示。可以看出在未来全国耕地有效灌溉面积仍会呈现增长趋势，预计到 2020 年、2025 年、2030 年和 2035 年，全国耕地有效灌溉面积将分别达到 7 083 万 hm^2、7 599 万 hm^2、8 114 万 hm^2、8 630 万 hm^2；同时全国耕地亩均灌溉量将会同步下降，预计 2020 年、2025 年、2030 年、2035 年将分别达到 348 m^3、316 m^3、280 m^3、249 m^3。

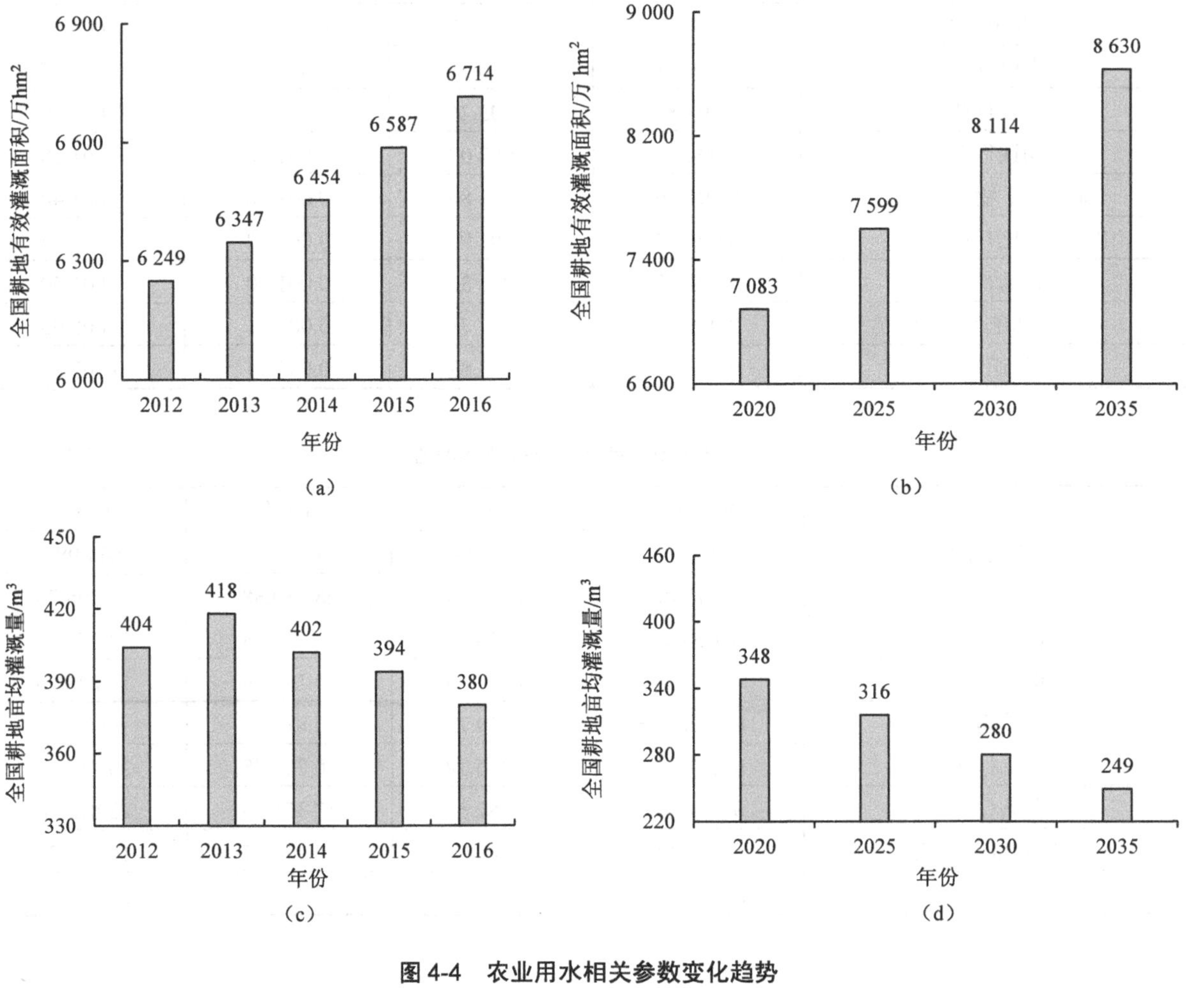

（a） （b） （c） （d）

图 4-4 农业用水相关参数变化趋势

我国农业属于资源限制型农业，水资源紧缺且水污染、土壤污染和水土流失问题严重，因此必须走一条既能充分利用资源，又能使生态环境得到保护的农业转型发展道路，而发展大规模经营、大机械生产的现代农业和能源资源集约型、人力资源集约型的生态农业将是我国未来农业发展之路。从水资源利用角度来讲，国家将继续大力实行农田保护措施和全面提高农业种植技术，大力推进农田水利基础设施建设，综合提高农业节水灌溉技术水平，农业用水效率不断提升，《中华人民共和国国民经济和社会发展第十三个五年规划纲要》提出在“十三五”时期新增高效节水灌溉面积 1 亿亩。《水利改革发展“十三五”规划》中提出 2020 年农田灌溉水有效利用系数要达到 0.55 以上。基于上述条件判定未来农业用水量将呈现逐渐下降趋势。根据农业用水量预测模型对未来农业灌溉用水量和农业用水量进行了预测。预测结果显示，到 2020 年全国农业用水量为 3 697 亿 m^3；随着农业现代化水平的不断提高，预计到 2030 年和 2035 年农业用水量为 3 413 亿 m^3 和 3 219 亿 m^3（图 4-5），分别较“十二五”末期下降 11.42%和 16.43%。

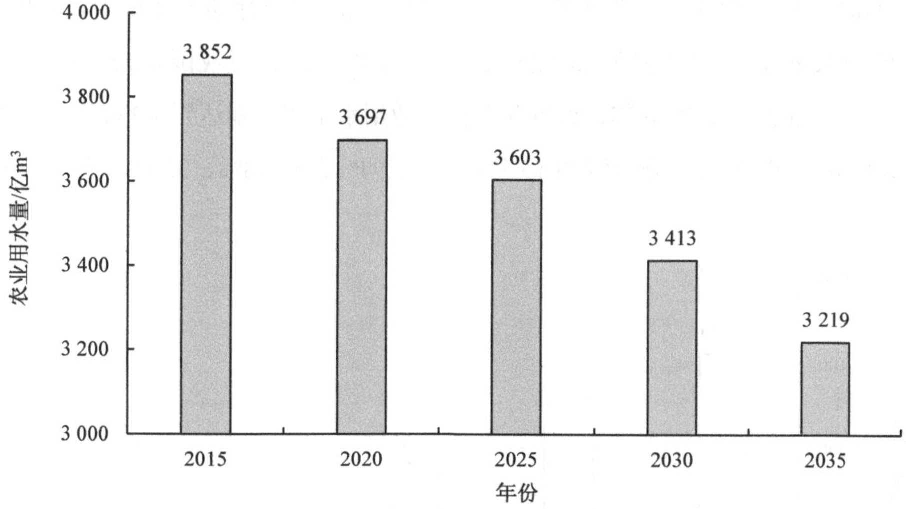

图 4-5　农业用水量预测结果

4.4.2　工业用水量预测结果

对工业用水量的预测不仅要依赖于对各行业增加值规模以及增长速度的正确判断，更重要的是对工业化过程中工业结构演变规律的深刻理解和对未来工业结构正确地识别判断。从我国的工业用水结构现状来看，除电力、热力生产和供应行业外，黑色金属冶炼和压延加工业、化学原料和化学制品制造业、石油加工业、炼焦及核燃料加工业、造纸和纸制品业 5 个行业对工业用水量增长影响最大。工业结构在工业化过程中变化很大，根据工业化进程规律，化学原料和化学制品制造业、黑色金属冶炼及压延加工业和机械电子业是工业化中期的主导行业；造纸和纸制品业在工业化初期和中期发展较快，当这 5 个行业在工业化后期变为缓慢增长或零增长时，整个工业用水将趋向零增长。同时，根据工业化过程中产业结构演变的规律，重化工业在工业化后期一般不再扩张，甚至萎缩，这正是发达国家 20 多年来工业用水量（特别是制造业用水量）几乎零增长的原因。

目前我国正处于工业化快速发展时期，预计 2021—2035 年我国工业化趋于稳定，城镇化继续较快推进，经济处于中速增长阶段，在此期间经济总量超过美国成为世界第一大经济体，到 2035 年基本完成工业化。从资本和劳动力要素来看，投资增速慢于“十三五”时期，但仍保持较高水平，劳动力数量负增长。未来工业将摆脱当前“大而不强”的状态，朝高端制造业和绿色制造业方向发展，积极发挥绿色科技是“第一生产力”的作用，优化升级传统工业制造业。实现工业制造业的现代化和生态化是我国工业发展的重点方向。由此可见，未来我国单位工业增加值产出的能耗和水耗都会有明显下降。预计 2020 年、2025 年、2030 年、2035 年万元工业增加值用水量为 32.81 m^3、23.17 m^3、15.00 m^3、10.70 m^3。满足《“十三五”水资源消耗总量和强度双控行动方案》中设定的，到 2020 年万元工业增加值用水量较 2015 年降低 20%的目标。基于以上因素对我国未来工业用水量进行预测（图 4-6），到 2020 年、2025 年、2030 年、2035 年我国工业用水量将分别达到 1 254 亿 m^3、1 168 亿 m^3、967 亿 m^3、778 亿 m^3（图 4-6），分别较 2015 年减少 11.94%、17.98%、32.09%和 45.30%。

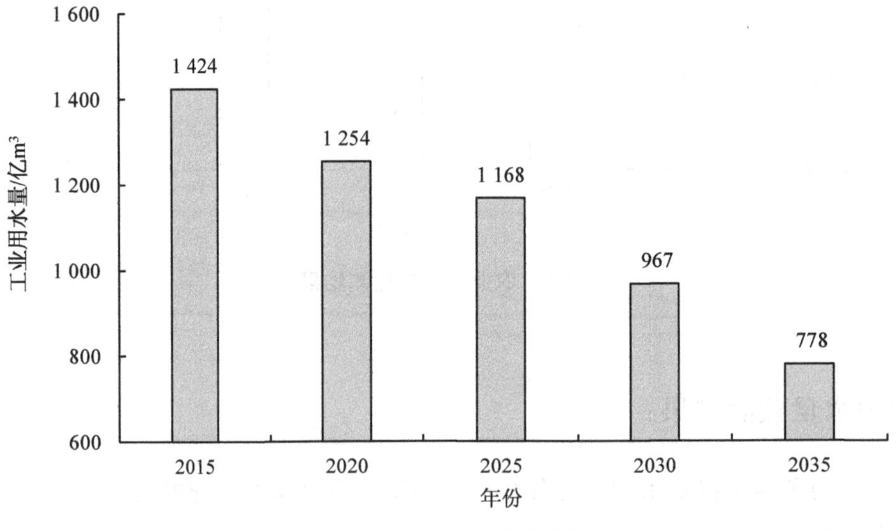

图 4-6　工业用水量预测结果

4.4.3 生活用水量预测结果

根据城镇居民生活用水量计算公式和城镇居民用水系数、城镇居民人口数量的预测结果对未来城镇居民生活用水量进行预测，具体结果见表 4-6、图 4-7，从表可以看出未来城镇居民生活用水部分参数的变化趋势。随着经济发展和城市化进程的推进，以及城镇居民生活水平的提高和公共市政设施服务范围的不断扩大和功能的完善，城镇人口数量、城镇居民用水系数和用水普及率都在相应增加。据统计，2000—2016 年，我国总人口由 12.36 亿人增加至 13.83 亿人，其中城镇人口由 3.94 亿人增加至 7.93 亿人，常住人口城镇化率由 31.91%升至 57.35%。因此，在整个预测期内城镇居民生活用水量都呈增长趋势。预测到 2020 年、2025 年、2030 年、2035 年我国城镇人口数量将增长到 8.56 亿人、9.17 亿人、9.57 亿人、9.89 亿人，对应的城镇化率将分别达到 60.45%、63.50%、66.00%、68.50%；相应地，随着城镇化的深入发展，农村人口数量将分别减少到 5.60 亿人、5.27 亿人、4.93 亿人、4.55 亿人。

表 4-6 农村、城镇居民生活用水量以及生活总用水量预测 单位：亿 m^3

年份	生活总用水量	城镇居民生活用水量	农村居民生活用水量
2020	937.54	741.56	195.97
2025	1 028.86	827.58	201.29
2030	1 102.41	898.40	204.02
2035	1 167.27	964.49	202.78

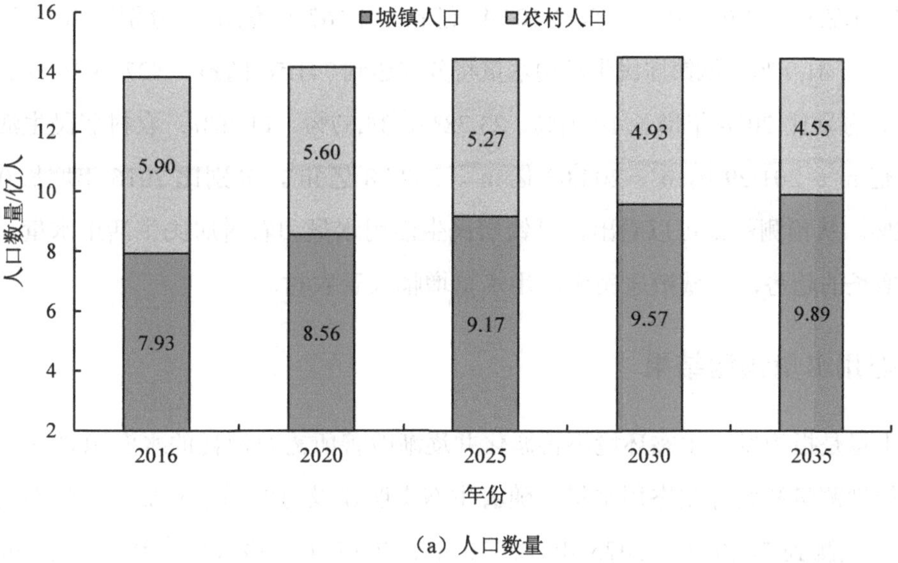

（a）人口数量

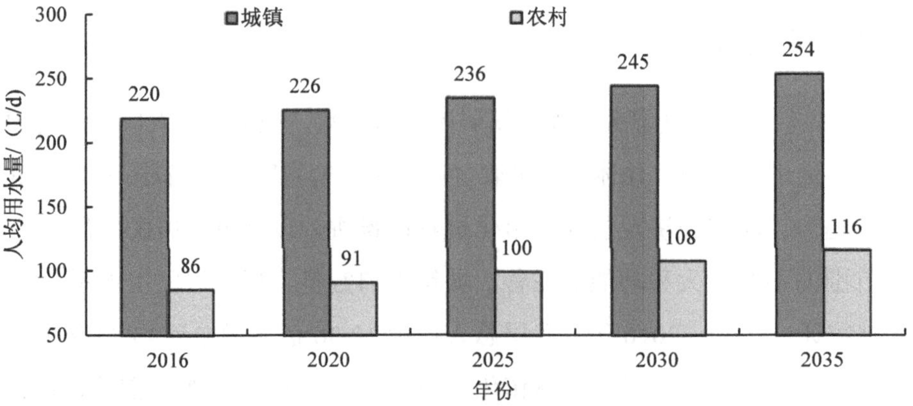

（b）人均用水量

图 4-7 生活用水相关参数预测结果

根据预测，随着城镇人口的不断增长，城镇居民用水系数也随之呈现缓慢增加趋势，而随着农村人口的不断减少，农村居民居民用水系数呈上升趋势。预计 2020 年、2025 年、2030 年、2035 年，城镇居民用水系数分别比 2016 年增长 2.78%、7.07%、11.36%、15.65%；农村居民居民用水系数分别比 2016 年增长 6.20%、15.90%、25.58%以及 35.27%，农村居民居民用水系数增长约为城镇增速的 2 倍。在预测年份，城镇人口逐年上升，农村人口则出现负增长，在 2020 年、2025 年、2030 年、2035 年，城镇人口分别比 2016 年增长 7.92%、15.61%、20.66%、24.73%；农村人口分别比 2016 年下降 5.06%、10.65%、16.42%、22.87%。

2016 年，生活总用水量为 822.0 亿 m^3，到 2020 年、2025 年、2030 年、2035 年，生活总用水量将分别达到 937.54 亿 m^3、1 028.86 亿 m^3、1 102.41 亿 m^3、1 167.27 亿 m^3，分别比 2016 年增长 14.06%、25.17%、34.11%、41.97%；城镇居民生活用水量将分别达到 741.56 亿 m^3、827.58 亿 m^3、898.40 亿 m^3、964.49 亿 m^3，分别比 2016 年增长 10.91%、23.78%、34.37%、44.26%；农村居民生活用水量将分别达到 195.97 亿 m^3、201.29 亿 m^3、204.02 亿 m^3、202.78 亿 m^3，分别比 2016 年增长 0.82%、3.55%、4.96%、4.32%。从预测结果可以看出，城镇居民生活用水量和农村居民生活用水量（2035 年除外）均呈现逐步增长的趋势，但城镇居民生活用水量增幅大于农村。

4.4.4 生态用水量预测结果

生态用水量是指为维护生态环境不再恶化并逐渐改善所需要消耗的水资源总量。我国自 2003 年开始全面系统地测量和统计生态用水量。随着生态文明建设力度的不断加大，生态用水量也将呈现出增长态势，预测到 2020 年、2025 年、2030 年、2035 年，将分别达到 218 亿 m^3、290 亿 m^3、

329 亿 m^3、362 亿 m^3（图 4-8）。而生态用水量占全部用水量的比例也将不断增加，预计到 2035 年该比例将达到 7%。

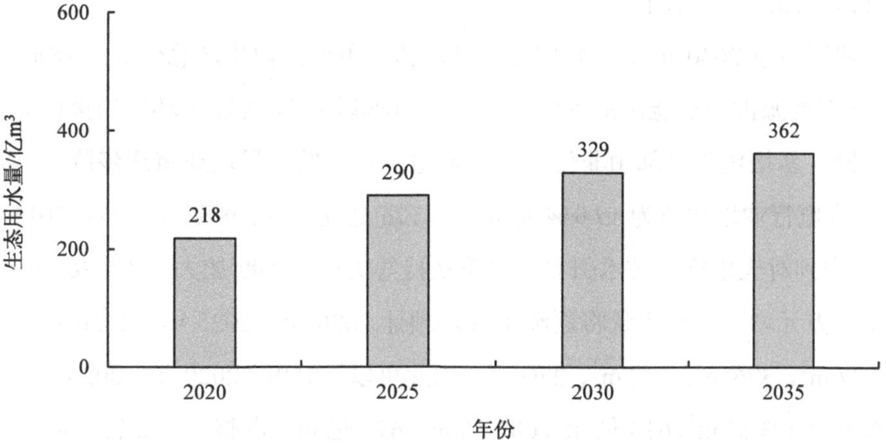

图 4-8 生态用水量预测结果

4.4.5 重点行业用水量预测结果

根据《水污染防治行动计划》（国发〔2015〕17 号）、《关于实行最严格水资源管理制度的意见》（国发〔2012〕3 号）等文件并结合前人研究成果确定本《报告》中高耗水行业范围。分别为：①电力、热力生产和供应业（考虑到与传统行业的衔接，简称火电行业）；②化学原料和化学制品制造业（考虑到与传统行业的衔接，简称为化工行业）；③黑色金属冶炼和压延加工业（考虑到与传统行业的衔接，简称为钢铁行业）；④非金属矿物制品业；⑤石油加工、炼焦和核燃料加工业以及石油和天然气开采业（考虑到与传统行业的衔接，简称石化行业）；⑥食品制造业以及酒饮料和精制茶制造业（考虑到与传统行业的衔接，简称食品行业）；⑦造纸和纸制品业；⑧纺织业。以上行业不但是取水、耗水大户，而且是排水大户。经统计分析，以上工业行业取水量占到工业总取水量的 75%，耗水量占工业总耗水量的 71%，工业产值占全部工业总产值的 38%。因此管理好这些高耗水行业就抓住了工业用水管理的关键。预计到 2020 年、2025 年、2030 年、2035 年八大高耗水行业用水量分别为 808.66 亿 m^3、822.04 亿 m^3、720.52 亿 m^3、584.16 亿 m^3。

（1）火电行业

电力、热力生产和供应业一直是我国工业用水第一大行业，其中尤以火电行业为重。根据《中国水资源公报》及中国电力企业联合会的统计结果，2015 年全国火电直流用水量达 480.5 亿 m^3，消耗水量 59.2 亿 m^3，合计用水量为 539.7 亿 m^3，占到全部工业用水总量的 40.4%，消耗水量占到全部工业用水消耗量的 19.1%。然而火电行业用水效率较国际先进水平存在差距，采用循环冷却系统的火电用水效率为 22 m^3/万 kW·h，接近国际先进水平（25～36 m^3/万 kW·h）；而采用直流冷却系统的火电用水效率远低于国际先进水平。

综合考虑“我国力争 2030 年前 CO_2 排放达到峰值，单位国内生产总值 CO_2 排放比 2005 年下降 60%～65%，非化石能源占一次能源消费比重提高到 20%以上”①等能源环境约束因素，2030 年以后火电装机逐步下降，新增电量全部由非化石能源发电提供，发电量增速将逐步降低。预计 2020 年、2025 年、2035 年火电行业增加值为 17 914 亿元、23 176 亿元、33 208 亿元（均按 2015 年价格计算，下同）。同时，考虑到对火电行业技术引导、政策扶持等力度的不断加大，各项提高用水效率的深度节水技术的使用，万元增加值用水量将逐渐下降，预计 2020 年、2025 年、2030 年、2035 年万元增加值用水量为 427 m^3、376 m^3、322 m^3、270 m^3。由此可以计算出，2020 年、2025 年、2030 年、2035 年火电行业用水量为 493 亿 m^3、613 亿 m^3、686 亿 m^3、672 亿 m^3，占整个工业行业取水量的 46.94%、52.50%、56.33%、57.13%，从图 4-9 可以看出火电行业用水量将在 2030 年达到峰值，之后随着发电量的增速大幅下降以及节水工艺的不断升级，用水量将持续下降。

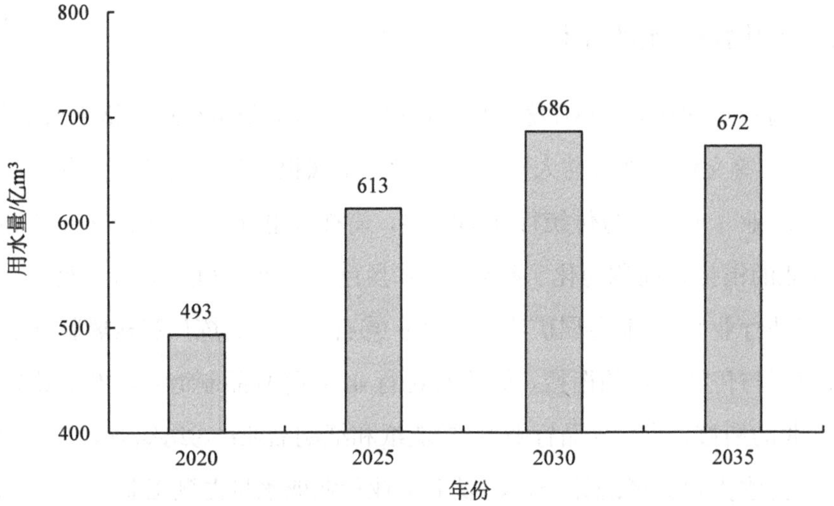

图 4-9　火电行业用水量预测

（2）化工行业

据统计 2011 年全国化工行业用水量占高耗水行业用水总量的 11%，仅次于火电行业，位列用水量第二位，其万元增加值取水量为 60 m^3。我国化工行业用水效率尚未达到国际先进水平，只有部分产品指标达到了国际先进水平。预计在 2020—2035 年化工行业规模将保持 4%左右的增长幅度，预

① 源自中国政府在 2015 年向联合国气候变化框架公约秘书处提交的应对气候变化国家自主贡献文件。

计 2020 年、2025 年、2030 年、2035 年工业增加值较 2015 年分别增长 30.45%、64.18%、101.72%、135.61%。随着未来节水技术的不断提升，预计 2020 年、2025 年、2030 年、2035 年化工行业用水量分别为 46 亿 m^3、54 亿 m^3、59 亿 m^3、63 亿 m^3（图 4-10）

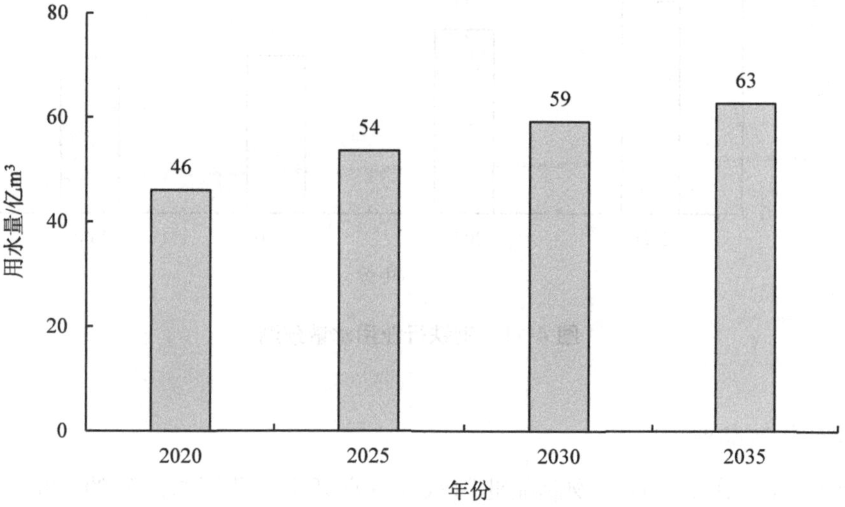

图 4-10 化工行业用水量预测

（3）钢铁行业

钢铁行业自改革开放以来一直保持突飞猛进的增长态势，已成为我国经济发展的支柱产业。2016 年我国粗钢产量达到 8.08 亿 t，全球同期产量为 16.285 亿 t，中国占全球粗钢产量比例为 49.6%，较 2015 年增长 0.2%。而钢铁行业是用水量非常大的行业，2011 年全国钢铁行业用水量占高耗水行业用水总量的 7%，全国钢铁行业万元增加值用水量为 38 m^3/t，全国钢铁行业单位产值取水量已达到 4 m^3/t 以下，接近《重点工业行业用水效率指南》中规定的 3.64 m^3/t，部分企业已超过国际先进水平。

未来从需求角度讲，随着国家经济发展方式的转变，消费成为拉动经济增长的最主要力量，固定资产投资增速下滑，制造业的快速发展也将更多地使用质量和档次更高的钢材，这些因素都有助于降低钢材消费的总量，预测在 2020 年粗钢产量达到顶点，之后以年均 1%的速率下降。钢铁行业工业增加值也出现不同程度的下降，预计到 2020 年、2025 年、2030 年、2035 年工业增加值分别较 2016 年下降 1.74%、8.38%、12.49%和 18.36%。按照《工业绿色发展规划（2016—2020)》，钢铁行业是“十三五”时期工业节水主战场，未来用水效率将会得到持续提升。基于以上因素预测，到 2020 年、2025 年、2030 年、2035 年钢铁行业用水量约 25 亿 m^3、22 亿 m^3、19 亿 m^3、16 亿 m^3（图 4-11）。

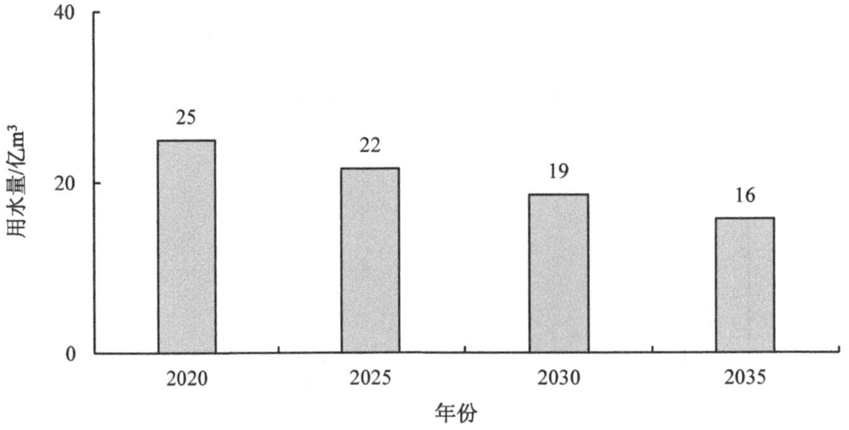

图 4-11　钢铁行业用水量预测

（4）非金属矿物制品业

据统计，2011 年全国非金属矿物制品业用水量占高耗水行业用水总量的 5%，其万元增加值取水量为 35 m^3。非金属矿物制品业用水效率偏低，节水空间较大。从行业发展形势来看，一方面，我国建材行业工艺技术装备水平业已接近或达到国际先进水平，水泥的大型原料均化、预分解窑节能煅烧、节能粉磨、自动控制以及工程设计和装备制造等方面达到或接近国际先进水平；而另一方面，当前建材各产业产能过剩现象十分严重。产能过剩、企业竞争激烈，致使产品价格波动大、设备运转率不足。而非金属矿物制品业的标志性产品——水泥与钢材消费量存在良好的相关性，由此可以判断在未来一段时间，非金属矿物制品业将维持负增长，预计到 2020 年、2025 年、2030 年、2035 年其产品增加值分别较 2016 年降低 2.74%、11.69%、16.35%、23.83%。与此同时，用水量也将出现下降，2020 年、2025 年、2030 年、2035 年用水量分别约 16 亿 m^3、15 亿 m^3、13 亿 m^3、10 亿 m^3（图 4-12）。

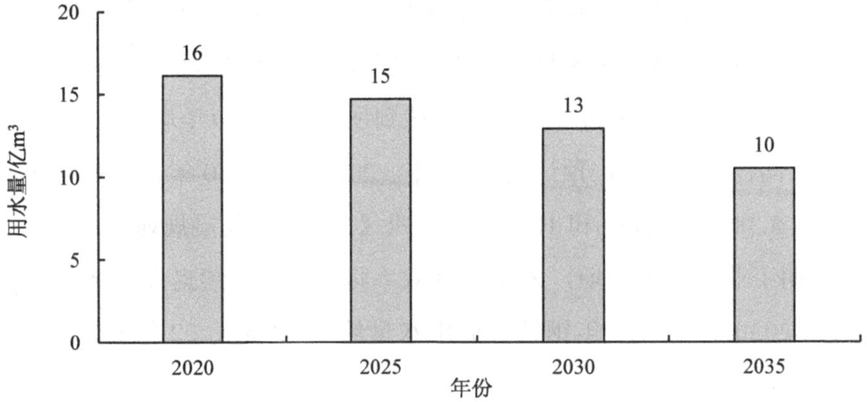

图 4-12　非金属矿物制品业用水量预测

（5）石化行业

石化行业一直是我国国民经济的重要组成部分，“十二五”期间石化行业产值年均增长 9%，工业增加值年均增长 9.4%。2015 年全行业主营业务收入达到 13.14 万亿元，税收占全国税收总额比重达 20.7%，位列全部工业部门之首。然而，石化行业的特殊性也决定了其对水资源的依赖程度较高，取水量、用水量较大。统计数据显示，2011 年我国石化行业用水量占高耗水行业用水总量的 4%，位于全国工业行业前列，但行业万元增加值取水量为 29.8 m^3，用水效率较高。近年来石化行业取水量保持平稳，2015 年取水量较 2011 年减少 1.6 亿 m^3，随着技术升级，万元增加值取水量由 2011 年的 29.8 m^3 降至 2016 年的 21 m^3，降幅为 29.5%，同时水资源重复利用率持续上升，已由 2006 年的 88.8%上升为 2016 年的 92.6%，比工业行业平均水平高出 3%。预计在未来一段时间，石化行业依旧会保持万元增加值取水量下降和水资源重复利用率持续上升的态势，预计 2020 年、2025 年、2030 年、2035 年石化行业用水量分别约 24 亿 m^3、26 亿 m^3、25 亿 m^3、23 亿 m^3（图 4-13）。

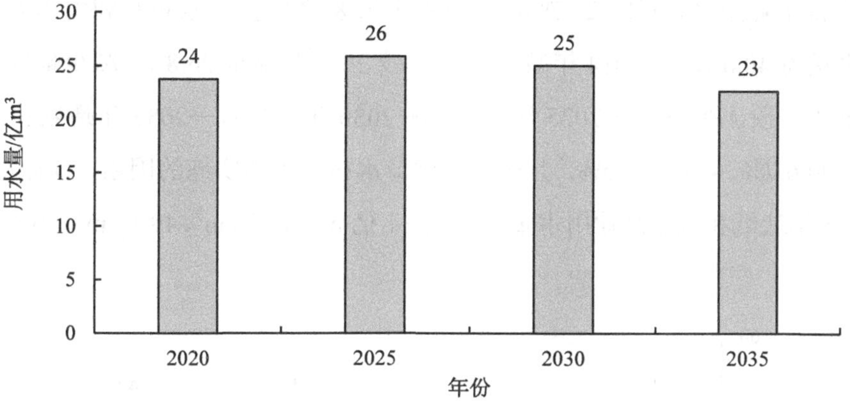

图 4-13　石化行业用水量预测

（6）食品行业

据统计，2011 年全国食品行业用水量占高耗水行业用水总量的 4%，其万元增加值用水量为 32 m^3。食品行业用水效率尚未达到《重点工业行业用水效率指南》中的先进值，节水空间较大。预计在 2020—2025 年、2026—2030 年、2031—2035 年食品行业增加值增速将分别维持在约 7.2%、6.5%和 5.7%，而相应的，2020 年、2025 年、2030 年、2035 年用水量将分别达到 15 亿 m^3、21 亿 m^3、25 亿 m^3、26 亿 m^3（图 4-14）。

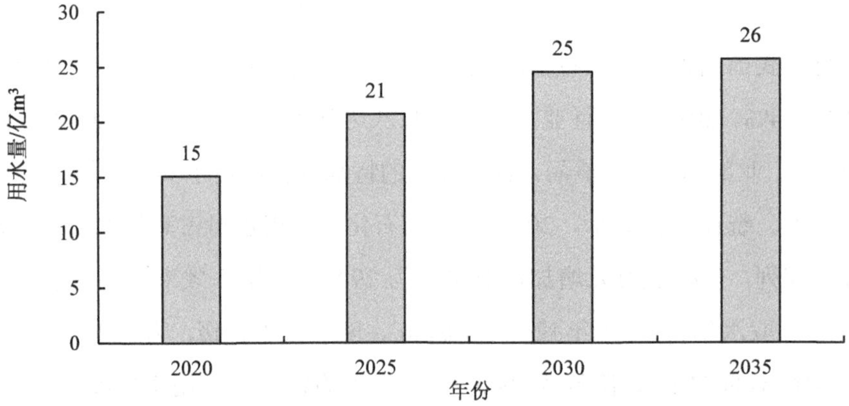

图 4-14　食品行业用水量预测

（7）造纸和纸制品业

根据原环境保护部数据，2015 年造纸和纸制品业（统计企业 4 180 家）新鲜水用水量共计 28.98 亿 t，占全部工业用水总量的 2.17%，重复用水量 89.37 亿 t，水重复利用率为 75.5%。万元增加值新鲜水用水量为 40.6 t，较 2014 年减少 5.6 t，较 2011 年减少 26.8 t，减少幅度为 39.8%。综合考虑行业发展形势，预计在 2020—2025 年、2026—2030 年、2031—2035 年造纸和纸制品业工业增加值增幅分别达到 6.7%、4.9%、1.5%，并充分考虑节水技术不断实施的因素，预计在 2020 年、2025 年、2030 年、2035 年造纸和纸制品业用水量分别约 34 亿 m^3、44 亿 m^3、49 亿 m^3、49 亿 m^3（图 4-15）。

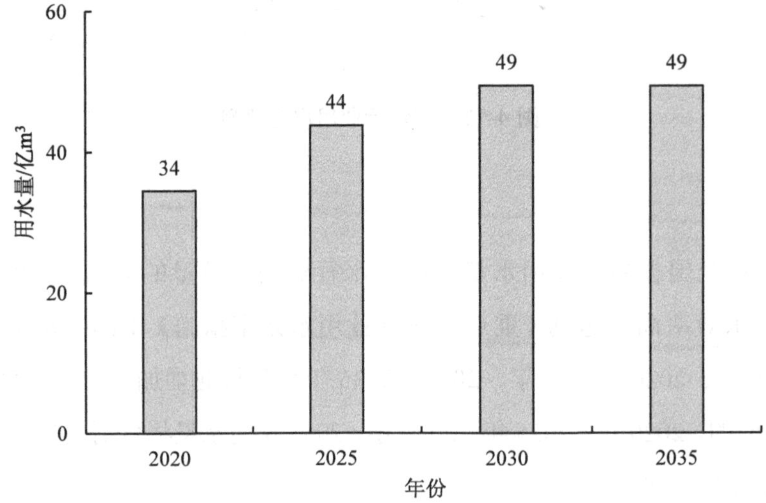

图 4-15　造纸和纸制品业用水量预测

（8）纺织业

据统计，2011 年全国纺织业用水量占高耗水行业用水总量的 5%，万元增加值取水量为 53 m^3。全国棉、麻、化纤及混纺机织物单位产品取水量为 2.7 $m^3/10^2$ m，低于先进值（2.0 $m^3/10^2$ m）。预计在未来一段时间纺织业工业增加值年增幅将维持约 5%，2020 年、2025 年、2030 年、2035 年工业增加值预计可达到 10 955 亿元、13 771 亿元、17 153 亿元、21 219 亿元，与之对应的用水量将分别达到 24 亿 m^3、28 亿 m^3、31 亿 m^3、35 亿 m^3（图 4-16）。

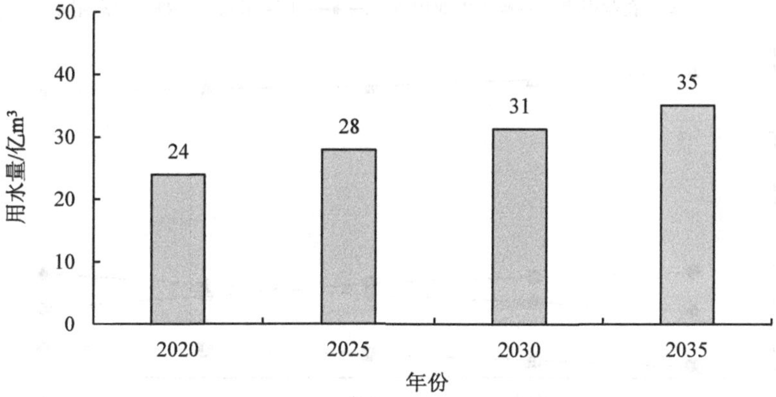

图 4-16　纺织业用水量预测

4.4.6　用水总量预测结果

将前文各分项用水量预测结果进行汇总得到 2020—2035 年整个预测期内我国用水量的预测结果（表 4-7）。从中可以看出，未来一段时间我国用水总量总体保持下降态势，2020 年、2025 年、2030 年、2035 年将分别达到 6 106 亿 m^3、6 090 亿 m^3、5 811 亿 m^3、5 526 亿 m^3。计算结果满足《“十三五”水资源消耗总量和强度双控行动方案》中设定的到 2020 年全国年用水总量 6 700 亿 m^3 的红线要求。

表 4-7　预测年份各个部门的用水需求　　单位：亿 m^3

年份	用水总量	农业用水	工业用水	生活用水	生态用水
2016	6 040	3 768	1 308	822	143
2020	6 106	3 697	1 254	937	218
2025	6 090	3 603	1 168	1 029	290
2030	5 811	3 413	967	1 102	329
2035	5 526	3 219	778	1 167	362

图 4-17 为预测重点年的工业用水、农业用水、生活用水以及生态用水的比重变化趋势。可以看出，农业用水、工业用水的比重在逐年下降，生活用水和生态用水的比重在逐年上升。农业用水比重由 2016 年的 62.38%下降到 2035 年的 58.25%，工业用水比重则由 2016 年的 21.65%下降到 2035 年的 14.08%；而生活用水比重则由 2020 年的 13.61%提升到 2035 年的 21.12%，生态用水比重呈持续增长态势，由 2016 年的 2.37%提升到 2035 年的 7.00%。

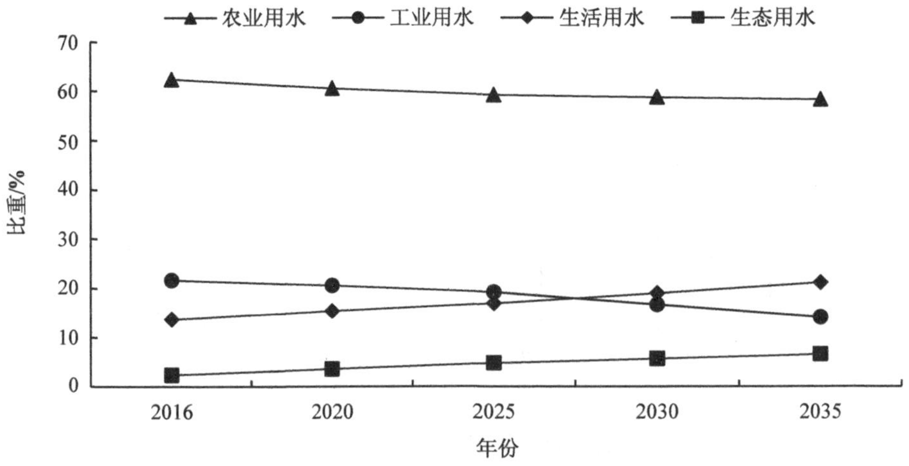

图 4-17　工业用水、农业用水、生活用水及生态用水的比重变化趋势预测

4.5　主要结论与形势研判

（1）农业节水效率不断提高，农业用水比重明显下降

2012—2016 年，农业节水技术的不断提高、大力加强农田基础设施建设，在有效灌溉面积持续增长的前提下，全国农业用水量略有下降。2012 年全国农业用水量为 3 880 亿 m^3，到 2016 年农业用水量下降到 3 768 亿 m^3，下降幅度为 2.89%。预计随着不断调整农业生产结构，实施高效的水资源管理措施，制定科学的灌溉制度，完善农田水利基础工程设施，因地制宜地推广各种节水技术，有效提高农业用水的利用率，促进传统农业向集约化农业转变，形成工程节水、农业节水、管理节水的农业高效用水技术体系，农业耗水将逐渐减少，农业用水将总体呈现稳步下降的趋势。预计到 2020 年、2025 年、2030 年、2035 年农业用水量分别达到 3 697 亿 m^3、3 603 亿 m^3、3 413 亿 m^3、3 219 亿 m^3，农业用水的比重逐年下降。

（2）工业用水持续下降，用水效率不断提高

按照《中华人民共和国国民经济和社会发展第十三个五年规划纲要》要求，到“十三五”末期，我国万元工业增加值用水量较“十二五”末期要下降 20%。目前我国进入工业化后期的后半段，未来工业化进程将呈减速趋势，经济发达地区抗压能力强，中西部地区工业化速度逐渐形成赶超态势，2020 年将基本实现工业化，到 2025 年前后我国工业化综合指数将达到最大。因此，未来我国工业增加值仍将保持增长，但增幅较之前变小，与此同时，随着工业用水来源趋于多元化、节水新工艺的大力推广、工业生产结构的不断转型升级，我国工业用水效率将得到明显提升。根据工业总用水量预测模型预测可知，到 2020 年、2025 年、2030 年、2035 年工业用水量将分别达到 1 254 亿 m^3、1 168 亿 m^3、967 亿 m^3 和 778 亿 m^3。

（3）生活用水稳步增长，城镇居民用水增幅大于农村

20 世纪 80 年代以来，我国生活用水总量持续增长，在国民经济用水中的比重稳步提高，人均生活用水定额逐年增长。用水定额增长地区差异明显，东部增长最快，中部次之，西部最慢，城市水资源需求压力逐年增大。随着经济发展和城市化进程的推进，以及城镇居民生活水平的提高和公共市政设施服务范围的不断扩大和功能的完善，城市人口数量、居民用水系数和用水普及率都在相应增加。根据预测，2020—2035 年，随着城镇人口的不断增长，城镇居民用水系数依旧维持上升趋势，农村人口总数呈减少趋势，但农村居民用水系数均呈上升趋势。到 2020 年、2025 年、2030 年、2035 年，城镇居民生活用水量将达到 741.56 亿 m^3、827.58 亿 m^3、898.40 亿 m^3、964.49 亿 m^3，分别比 2016 年增长 10.91%、23.78%、34.37%、44.26%；农村居民的生活用水量将分别达到 195.97 亿 m^3、201.29 亿 m^3、204.02 亿 m^3、202.78 亿 m^3，从预测结果可以看出，城镇居民生活用水量和农村居民生活用水量均呈现逐步增长的趋势，但城镇居民生活用水量增幅大于农村。

第 5 章　水环境形势预测

随着工业化、城市化日益加快，我国面临着水资源短缺、水污染严重的挑战，水环境质量虽然总体改善，但部分流域仍存在污染物超标、达标压力大等问题。我国江河湖泊普遍遭受污染，全国75%的湖泊出现了不同程度的富营养化，90%的城市水域污染严重，水污染降低了水体的使用功能，造成了生态环境的破坏，给我国可持续发展战略的实施带来了负面影响。本章从农业、生活、工业的废水排放量和污染物排放量两个方面进行预测，具体对废水、COD、NH_3-N、总磷（TP）、总氮（TN）等指标进行了预测。

5.1　水环境现状分析

5.1.1　水污染物现状分析

（1）废水排放总量呈现显著上升趋势，主要污染物排放量开始呈现下降趋势

2004—2016 年，废水排放总量增长 47%；“十二五”期间，废水中 COD 和 NH_3-N 排放总量分别下降了 11.1%和 11.7%，总量减排成效显著。2016 年，COD、NH_3-N、TP、TN 等主要污染物排放量较 2015 年下降明显，下降率分别达到 7.4%、7.3%、74.5%、54.0%（图 5-1）。

废水中部分特征污染物及重金属排放量呈现明显的下降趋势。2016 年，全国废水中石油类、挥发酚两类特征污染物排放量分别为 8 838.7 t、381.19 t，较 2011 年分别下降了 57.9%、84.3%；废水中重金属铅、汞、镉、总铬、砷、六价铬的排放量分别为 52.9 t、0.6 t、11.2 t、52.9 t、41.9 t、15.5 t，较 2011 年分别下降了 65.9%、78.3%、68.7%、82%、71.3%、85.4%（图 5-2）。

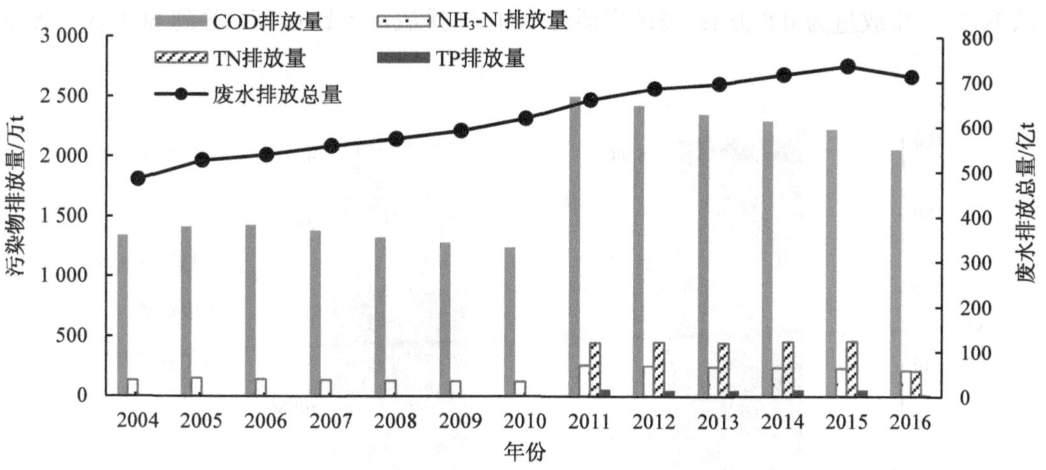

图 5-1 2004—2016 年废水及主要污染物排放量变化情况①

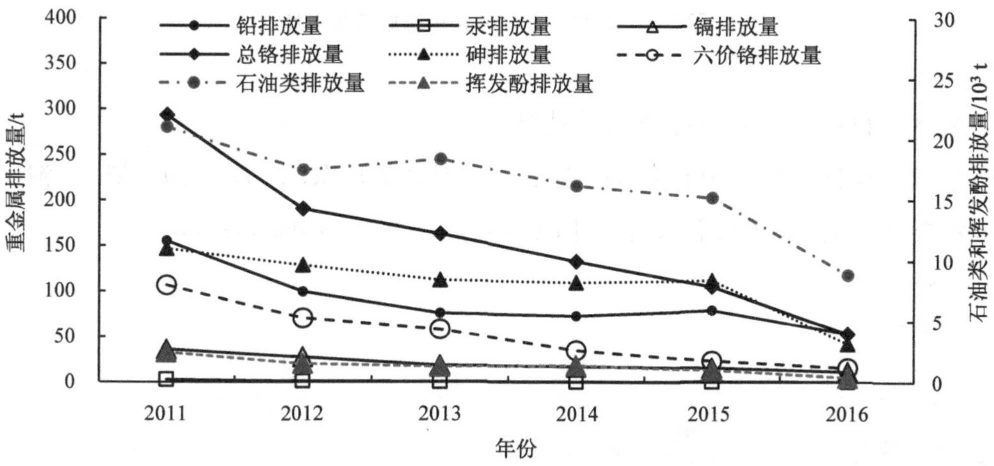

图 5-2 2011—2016 年废水中部分特征污染物及重金属排放量变化情况

（2）废水中主要污染物排放主要来自农业源和城镇生活源

废水主要污染物排放中工业源占比较小，主要为农业源和城镇生活源。2016 年，全国废水排放总量为 711.1 亿 t，其中工业废水排放量为 153.1 亿 t、城镇生活污水排放量为 557.3 亿 t，集中式废水排放量为 0.7 亿 t。废水中 COD 排放量为 2 058.1 万 t，其中，工业源 COD 排放量为 122.2 万 t、农业源 COD 排放量为 1 068.6 万 t、城镇生活源 COD 排放量为 859.2 万 t，集中式废水 COD 排放量为 8.1 万 t；农业源 COD 排放量占比最高，达到 51.92%。废水中 NH_3-N 排放量为 213.1 万 t。其中，工业源 NH_3-N 排放量为 10.0 万 t、农业源 NH_3-N 排放量为 72.6 万 t、城镇生活源 NH_3-N 排放量为 129.7

① 自 2011 年起环境统计中增加农业源的污染物排放统计，农业源包括种植业、水产养殖业和畜禽养殖业。

万t，集中式NH_3-N排放量为0.8万t；城镇生活源NH_3-N排放量占比最高，达到60.86%（图5-3）。

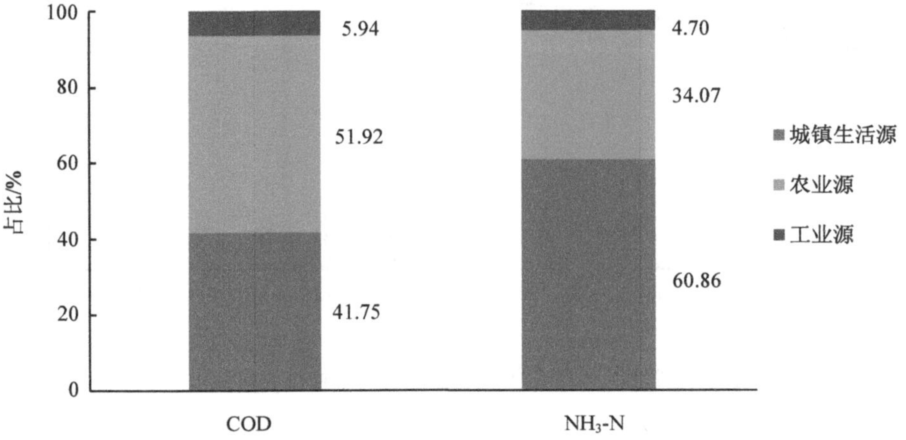

图5-3　废水中主要污染物排放来源占比

（3）工业大省和农业大省废水排放量占比高

2016年，废水排放量大于30亿t的省份共6个，依次为广东、江苏、山东、浙江、河南和四川。6个省的废水排放总量为324.82亿t，占全国废水排放总量的45.7%（图5-4）。

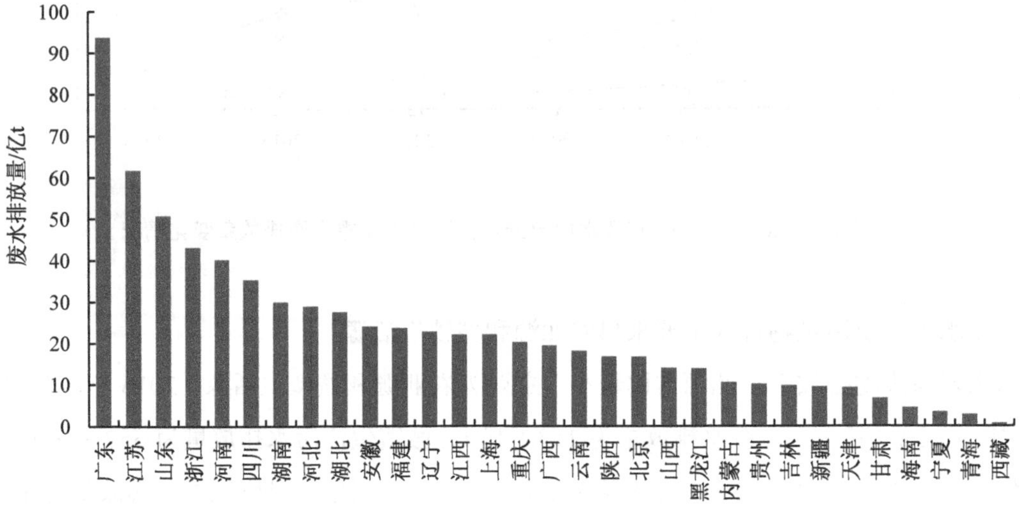

图5-4　2016年各省（区、市）废水排放量情况

2016年COD排放量大于50万t的省份有7个，依次为广东、江苏、四川、湖南、江西、山东和湖北。7个省的COD排放总量为459.5万t，占全国COD排放总量的43.9%（图5-5）。

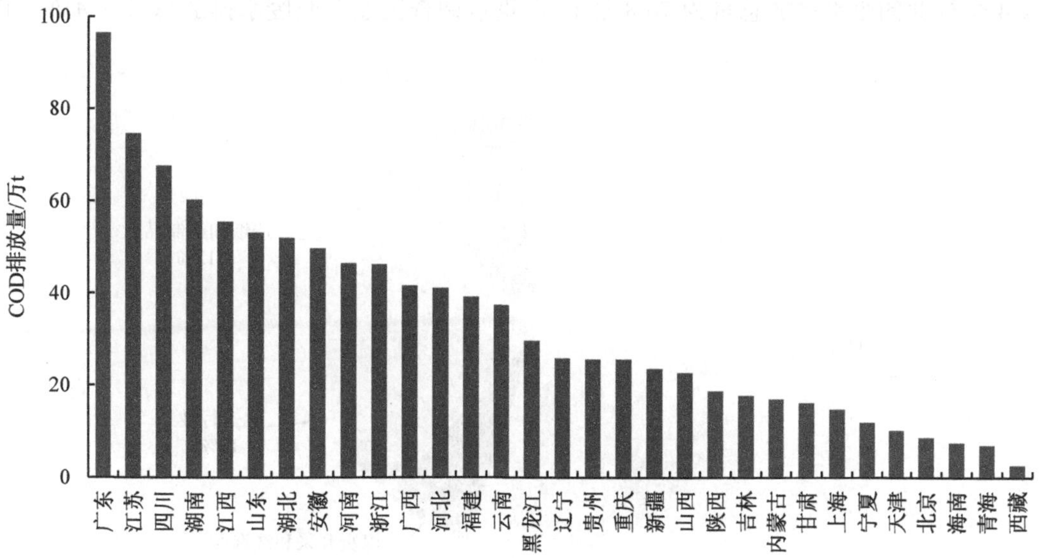

图 5-5　2016 年各省（区、市）COD 排放量情况

2016 年 NH_3-N 排放量大于 6 万 t 的省份有 10 个，依次为广东、江苏、湖南、四川、山东、浙江、湖北、河南、河北和江西。10 个省的 NH_3-N 排放总量为 81.4 万 t，占全国 NH_3-N 排放总量的 57.4%（图 5-6）。

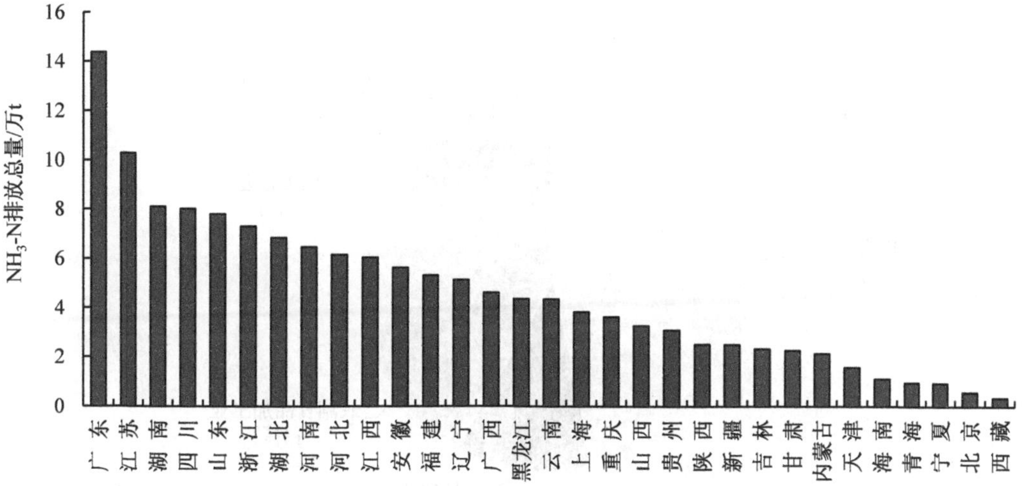

图 5-6　2016 年各省（区、市）NH_3-N 排放量情况

（4）废水和主要水污染物排放大户

2016 年，废水排放量居前 4 位的行业依次为化工行业、造纸和纸制品业、纺织业、煤炭开采和

洗选业。4 个行业的废水排放总量为 70.8 亿 t，占重点调查工业企业废水排放总量的 45%（图 5-7）。

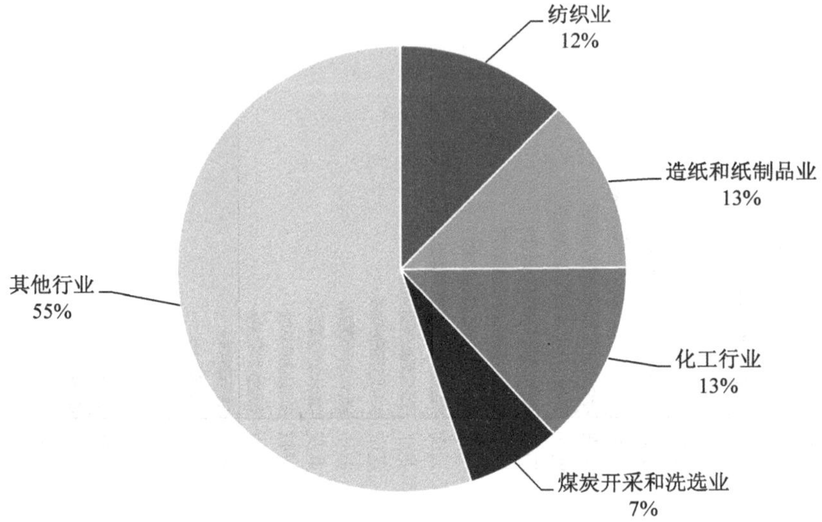

图 5-7　2016 年重点行业废水排放情况

2016 年，COD 排放量居前 4 位的行业依次为化工行业、造纸和纸制品业、农副食品加工业、纺织业。4 个行业的 COD 排放总量为 56.3 万 t，占重点调查工业企业 COD 排放总量的 53%（图 5-8）。

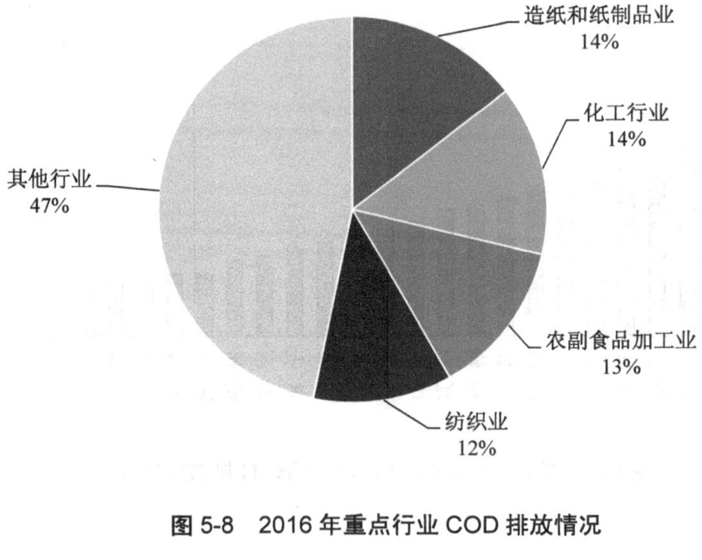

图 5-8　2016 年重点行业 COD 排放情况

2016 年，NH_3-N 排放量居前 4 位的行业依次为化工行业、纺织业、农副食品加工业、造纸和纸制品业。4 个行业的 NH_3-N 排放总量为 5.0 万 t，占重点调查工业企业排放总量的 55%（图 5-9）。

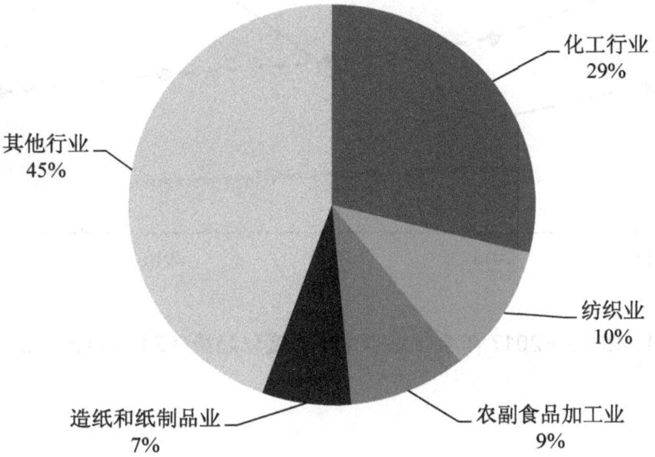

图 5-9　2016 年重点行业 NH_3-N 排放情况

5.1.2　水环境质量现状分析

5.1.2.1　地表水环境现状

（1）大江大河水环境质量持续改善

2017 年，全国地表水Ⅰ～Ⅲ类和劣Ⅴ类分别占 67.9%、8.3%（图 5-10），与 2013 年相比，Ⅰ～Ⅲ类增加 3.8 个百分点，劣Ⅴ类减少 1.9 个百分点（图 5-11）。2010—2017 年水质变化趋势见图 5-12。

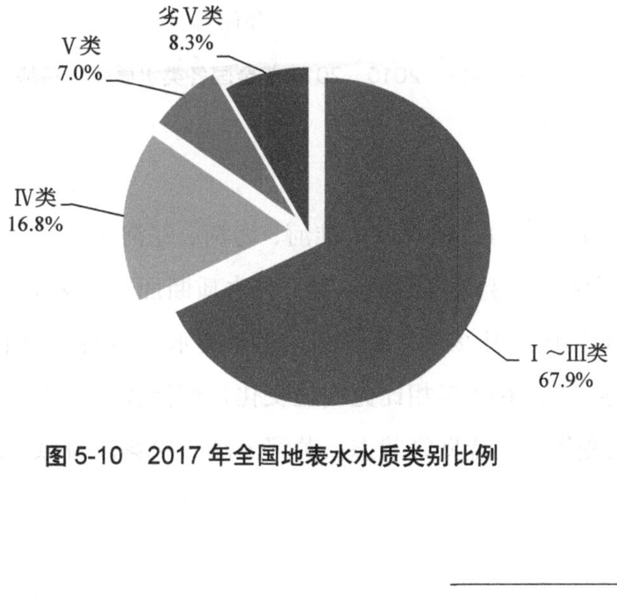

图 5-10　2017 年全国地表水水质类别比例

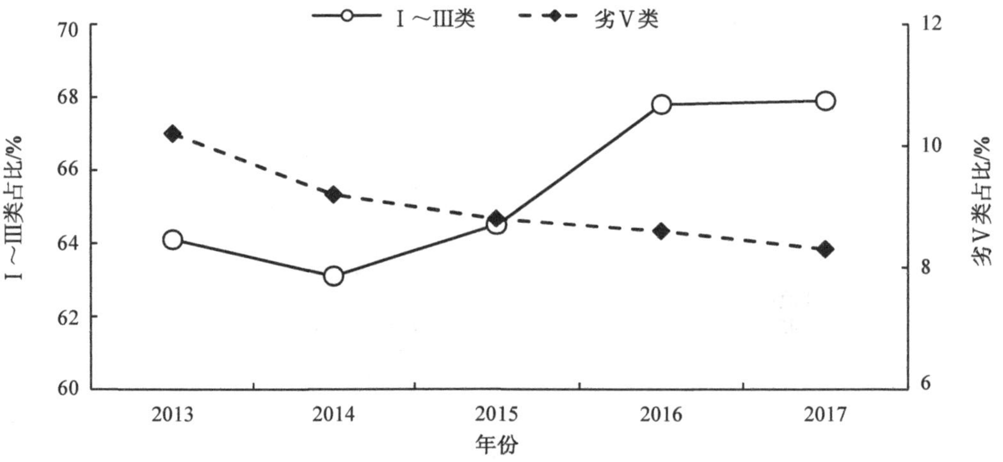

图 5-11　2013—2017 年全国地表水水质变化趋势（21 项自行评价结果）

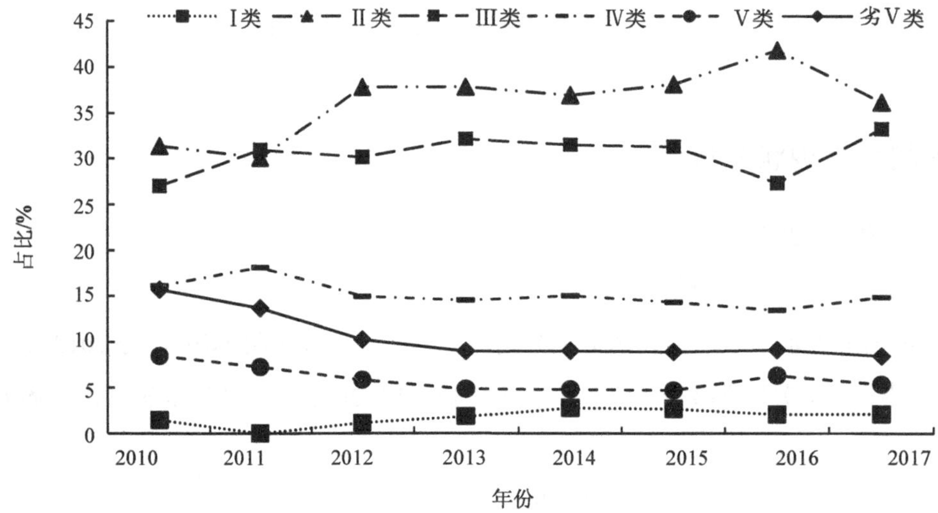

图 5-12　2010—2017 年全国各类水质变化趋势

数据来源：《中国环境状况公报》。

2017 年，长江、黄河、珠江、松花江、淮河、海河、辽河七大流域和浙闽片河流、西北诸河、西南诸河Ⅰ～Ⅲ类水质断面比例为 71.4%，劣Ⅴ类水质断面比例为 8.4%（图 5-13）。与 2012 年相比，Ⅰ～Ⅲ类水质断面比例上升 2.5 个百分点，劣Ⅴ类水质断面比例下降 1.8 个百分点。2017 年，西北诸河、西南诸河水质与 2012 年相比无明显变化，保持优的状态；长江流域、浙闽片河流水质与 2012 年相比无明显变化，保持良好状态；黄河流域、松花江流域、淮河流域和辽河流域水质与

2012 年相比无明显变化，保持轻度污染状态；海河流域水质与 2012 年相比无明显变化，保持中度污染状态；珠江流域水质有所下降，由优下降为良好。

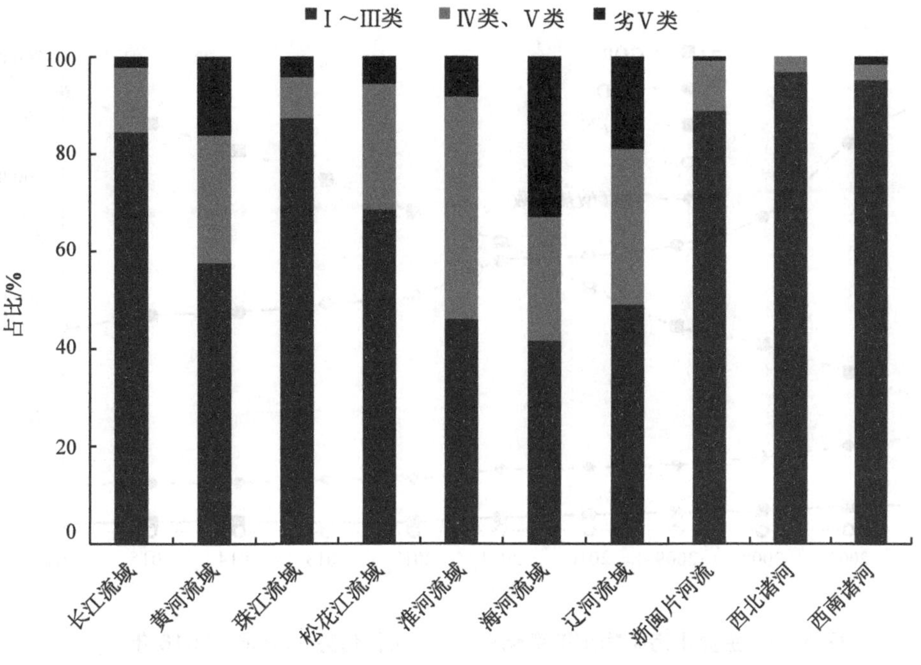

图 5-13　2017 年七大流域和浙闽片河流、西北诸河、西南诸河水质状况

2017 年，112 个重要湖泊（水库）中Ⅰ～Ⅲ类占 62.5%；劣Ⅴ类占 10.7%。主要污染指标为 TP、COD 和高锰酸盐指数。与 2012 年相比，Ⅰ～Ⅲ类湖泊（水库）增加 3.0 个百分点，劣Ⅴ类减少 0.6 个百分点。109 个监测营养状态的湖泊（水库）中，贫营养 9 个，中营养 67 个，轻度富营养 29 个，中度富营养 4 个。

（2）常规污染物大幅削减，TP 等污染物日益凸显

我国自“十一五”实施总量控制以来，先后将 COD、NH_3-N 纳入约束性指标，以点源有机污染为主的趋势得到有效遏制，常规污染物浓度大幅降低。根据全国地表水国控断面水质监测数据，2006—2016 年，在全国 GDP 增加 2.39 倍的情况下，COD、NH_3-N、高锰酸盐指数、TP 浓度分别下降了 53.3%、66.8%、49.9%、48.2%（图 5-14）。

在水环境质量不断改善的同时，影响水质的主要污染指标发生了一定的变化。根据《中国环境状况公报》，2006 年全国主要污染指标为高锰酸盐指数、NH_3-N 和石油类，2010 年主要污染指标为高锰酸盐指数、五日生化需氧量（BOD_5）和 NH_3-N，2015 年主要污染指标为 COD、BOD_5 和 TP。根据全国地表水国控断面水质监测数据，2017 年，全国地表水主要污染指标为 TP、COD 和 NH_3-N，

TP 已成为首要超标因子；从流域来看，除松花江流域外，其余 9 个流域主要污染指标中皆有 TP（表 5-1），且 TP 已成为长江流域和珠江流域的首要超标因子。

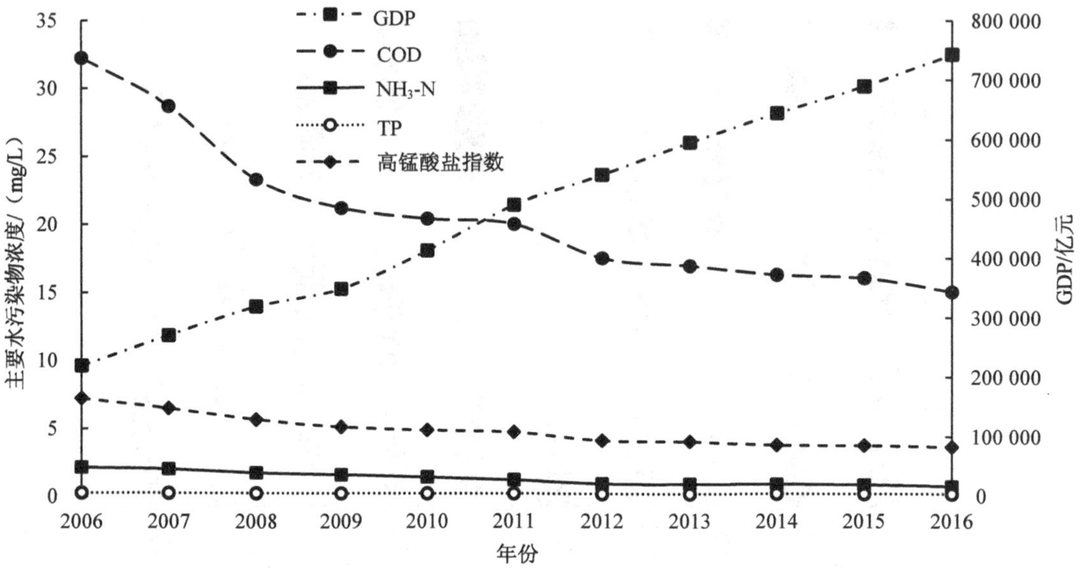

图 5-14 主要水污染物浓度变化和 GDP 增长趋势（2006—2016 年）

表 5-1 全国十大流域超标的主要污染指标（2017 年）

流域	主要污染指标
长江流域	TP，NH_3-N，COD
黄河流域	COD，NH_3-N，TP
珠江流域	溶解氧，TP，NH_3-N
松花江流域	COD，高锰酸盐指数，NH_3-N
淮河流域	COD，TP，BOD_5
海河流域	COD，BOD_5，TP
辽河流域	TP，BOD_5，NH_3-N
浙闽片河流	NH_3-N，TP，COD
西南诸河	BOD_5，NH_3-N，TP
西北诸河	NH_3-N，COD，石油类，TP

注：根据《地表水环境质量评价办法（试行）》（环办〔2011〕22 号），水质超过Ⅲ类标准的指标按照断面超标率大小排列，取最大的前三项为主要污染指标。断面超标率为某指标超过Ⅲ类标准的断面个数占断面总数的百分比。

5.1.2.2 黑臭水体现状

自“十一五”时期以来，与人居环境密切相关的城市水体黑臭问题已经成为继雾霾之后公众关注的焦点问题，流经城市的河段、城乡接合部和农村人口聚集区的河流、沟渠普遍受到污染，甚至因有机污染而黑臭，群众意见大。城市黑臭水体不仅给群众带来了极差的感官体验，也是直接影响群众生产生活的突出水环境问题，国务院颁布的《水污染防治行动计划》提出，到 2020 年，地级及以上城市建成区黑臭水体均控制在 10%以内，到 2030 年，城市建成区黑臭水体总体得到消除。

按照《城市黑臭水体整治工作指南》，根据住房和城乡建设部、环境保护部全国城市黑臭水体整治信息发布平台数据，截至 2017 年年底，全国 223 个地级及以上城市排查确认黑臭水体 2 000 余个。此外，通过环境卫星、公众参与等手段，城市建成区内仍然发现有尚未纳入整治清单的黑臭水体，亟待纳入整治清单。

5.1.2.3　饮用水现状

城镇饮用水水源整体水质较好。2017 年，338 个地级及以上城市 898 个在用集中式生活饮用水水源监测断面（点位）中，有 813 个全年均达标，占 90.5%。其中地表水水源监测断面（点位）569 个，有 533 个全年均达标，占 93.7%，主要超标指标为硫酸盐、铁和 TP；地下水水源监测断面（点位）329 个，有 280 个全年均达标，占 85.1%，主要超标指标为锰、铁和氨氮。

5.1.2.4　地下水环境现状

全国地下水水质整体保持稳定。2017 年，以地下水含水系统为单元，以潜水为主的浅层地下水和承压水为主的中深层地下水为对象，国土资源部门对全国 31 个省（区、市）223 个地市级行政区的 5 100 个监测点（其中国家级监测点 1 000 个）开展了地下水水质监测。评价结果为：水质为优良、良好、较好、较差和极差的监测点分别占 8.8%、23.1%、1.5%、51.8%和 14.8%（图 5-15、图 5-16）。主要超标指标为总硬度、锰、铁、溶解性总固体、“三氮”（亚硝酸盐氮、氨氮和硝酸盐氮）、硫酸盐、氟化物、氯化物等，个别监测点存在砷、六价铬、铅、汞等重金属（类）超标现象。

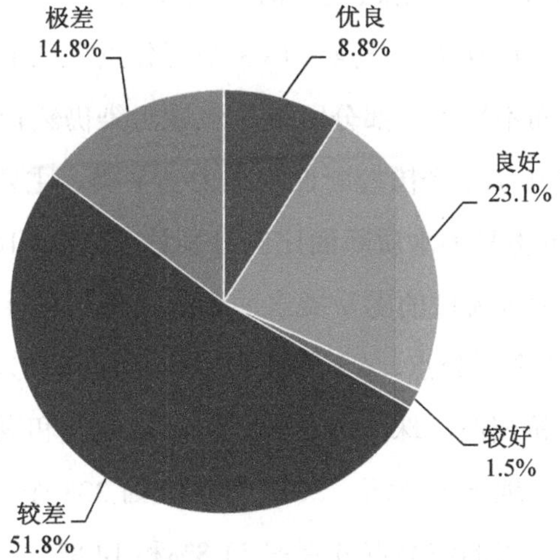

图 5-15　2017 年全国地下水水质监测点评价结果

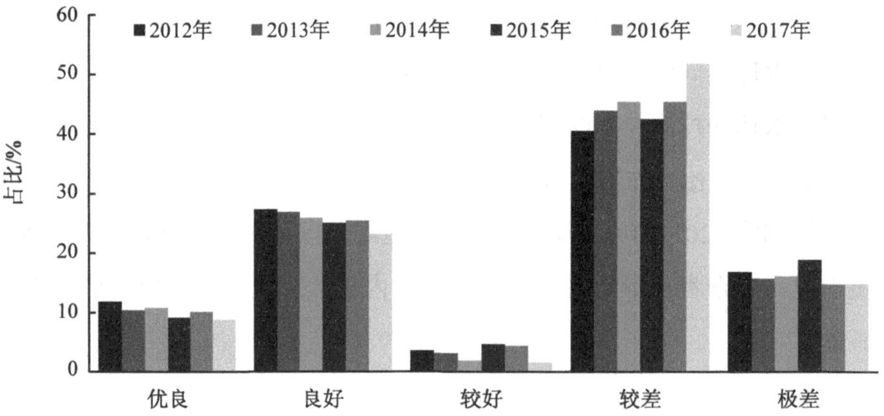

图 5-16　全国地下水水质监测点评价结果同比变化

5.1.2.5　水污染问题不容忽视

（1）水环境质量总体持续改善，部分流域水质达标压力较大

“十二五”期间，全国地表水国控断面Ⅰ～Ⅲ类水质比例提高了 14.6 个百分点，劣Ⅴ类水质比例下降了 6.8 个百分点。2017 年较 2015 年，Ⅰ～Ⅲ类水质、劣Ⅴ类水质分别同比改善了 3.4 个百分点和 0.5 个百分点。与 2020 年水质考核目标相比，2017 年，北京、天津、山西、辽宁、吉林、黑龙江、上海、浙江、江西、广西、海南、云南、青海、甘肃、西藏 15 个省（区、市）达到 2020 年Ⅰ～Ⅲ类水质断面比例目标的要求，其他省份与 2020 年目标存在差距，其中山东、陕西差距较大，分别相差 21.7 个百分点和 12.0 个百分点。上海、浙江、天津、青海、江西、广西、海南、甘肃、贵州、重庆、湖北、新疆、西藏 13 个省（区、市）达到 2020 年劣Ⅴ类水质断面比例目标的要求，其他省份与 2020 年目标存在差距，其中北京、吉林、辽宁、宁夏、山西、陕西差距较大，分别相差 24.0 个百分点、16.6 个百分点、13.9 个百分点、13.3 个百分点、12.1 个百分点、12.0 个百分点。

（2）水环境质量分布不平衡，部分区域、流域污染仍然较重

地表水方面，2017 年 161 个国控断面水质为劣Ⅴ类，主要分布在海河流域、黄河流域和淮河流域。海河流域、黄河流域劣Ⅴ类水质断面比例分别达 32.9%、16.1%。与 2020 年水质考核目标相比，辽河、黄河、海河、淮河等流域的劣Ⅴ类水质断面比例与目标要求差距较大，分别相差 17.1 个百分点、10.7 个百分点、8.5 个百分点、6.3 个百分点。近岸海域方面，2017 年劣四类海水点位 65 个，占 15.6%，主要分布在杭州湾、珠江口、长江口。杭州湾和渤海湾无一、二类海水的点位，杭州湾全部为劣四类海水点位。地下水方面，2017 年，全国 223 个地市级行政区的 5 100 个监测点中，地下水水质为较差级和极差级的监测点分别占 51.8%和 14.8%。

（3）氮磷污染逐步凸显，是湖库、海域富营养化的主要原因

2016 年，TP 成为国控重点湖库的首要污染物，无机氮、磷酸盐成为近岸海域海水的首要污染物；2016 年第四季度及 2017 年 1 月、2 月数据显示，TP 成为全国地表水首要污染物。全国 243 个国控重点湖库监测点位中，有 128 个点位 TN 超过地表水Ⅲ类标准，其中有 30 个超过地表水Ⅴ类标准，府河入白洋淀的南刘庄点位 TN 浓度最高，达 9.6 mg/L，超标 8.6 倍。TP 污染目前主要集中在太湖、巢湖、滇池、三峡库区、海河流域、沿海地区、城市内河等湖泊、流域和海湾；TN 污染比较严重的湖泊有白洋淀、艾比湖、滇池、小浪底水库、太湖、万峰湖等。2016 年太湖、巢湖、滇池大面积水华暴发次数分别为 12 次、14 次、1 次，水华强度基本处于 2012—2015 年同期的较高水平，太湖 2017 年发生的蓝藻强度为 2007 年之后诸年最高。重度富营养化海域主要集中在辽东湾、长江口、杭州湾、珠江口等近岸海域。

（4）黑臭水体的治理速度仍然与“水十条”目标有着较大的差距

不少流经城市的河段污染负荷大，导致水体因缺氧而黑臭，公众反映强烈。消除黑臭水体是难点，也最能提升公众环境质量获得感。“水十条”发布实施后，各地黑臭水体整治力度加大，但由于污水收集管网不完善、处理不到位、老城区改造难等因素，完成“水十条”规定的 2020 年整治任务难度不小。截至 2017 年年底，通过“全国城市黑臭水体整治信息发布平台”受理 6 431 条公众举报信息，通过卫星遥感监测发现疑似黑臭水体 327 个。经排查，直辖市、省会城市和计划单列市确认黑臭水体 681 个。据估算，全国建成区内流域面积大于 0.5 km^2 的河流总数约 1.3 万条，目前全国共认定黑臭水体 2 100 个，仅占建成区河流总数的 16%，其余城市河流水质状况难以确定。2016—2017 年，环境保护部通过环境卫星等技术手段识别了一批黑臭水体，其中北京等 20 个城市存在 172 个疑似黑臭水体，经现场核实，96 个确定为黑臭水体并纳入整治清单。“城市水环境公众参与”微信公众号至今共受理了 3 600 多条举报信息，涉及黑臭水体 316 个，经核实，50 个作为新增黑臭水体纳入整治清单。

（5）部分流域水资源开发过度，生态流量难以保障

海河、黄河、辽河等流域水资源开发利用率分别高达 106%、82%、76%，远远超过国际公认的水资源开发生态警戒线（40%）。我国主要河流多年平均挤占生态用水约 132 亿 m^3，海河、黄河、辽河、西北诸河等流域的经济社会用水挤占河道内生态用水，一般挤占量占生态需水量的 20%～40%，加剧了水环境与水生态问题。一些大型调水工程的建设对生态环境的影响不容忽视。长江上游规划的水库总库容达到径流量的 61%，仅金沙江干流就将建设 26 个梯级电站，平均间距不到 90 km，总库容达到来水量的 83%。2016 年汛期（6—8 月），京津冀有卫星影像的 333 条河流中，227 条河流断流，不是没有水，而是上游建设了太多的水库和水电设施，下游的生态流量难以保障，更遑论江

河湖泊水质达标问题。

5.2 基本思路与技术路线

预测包括农业废水及其污染物排放量、规模化畜禽养殖场废水及其污染物排放量、生活污水及其污染物排放量、工业废水及其污染物排放量和重点行业废水及其污染物排放量 5 个部分。

（1）预测指标

废水、COD、NH_3-N、TN、TP 等的产生量和排放量。

（2）时间范围

基准年：2016 年（部分数据基准年可能调整为 2015 年）；

预测重点年份：2020 年、2025 年、2030 年、2035 年。

（3）主要预测内容

污染物排放按不同行业预测，行业分类按农业、工业和生活三部分进行，其中农业包含畜禽养殖业和种植业两部分；工业选取《中国环境统计年鉴》或《中国统计年鉴》的 5 个重点用水行业部门；生活分为城镇生活和农村生活，实际预测排放量以城镇生活为主（图 5-17）。

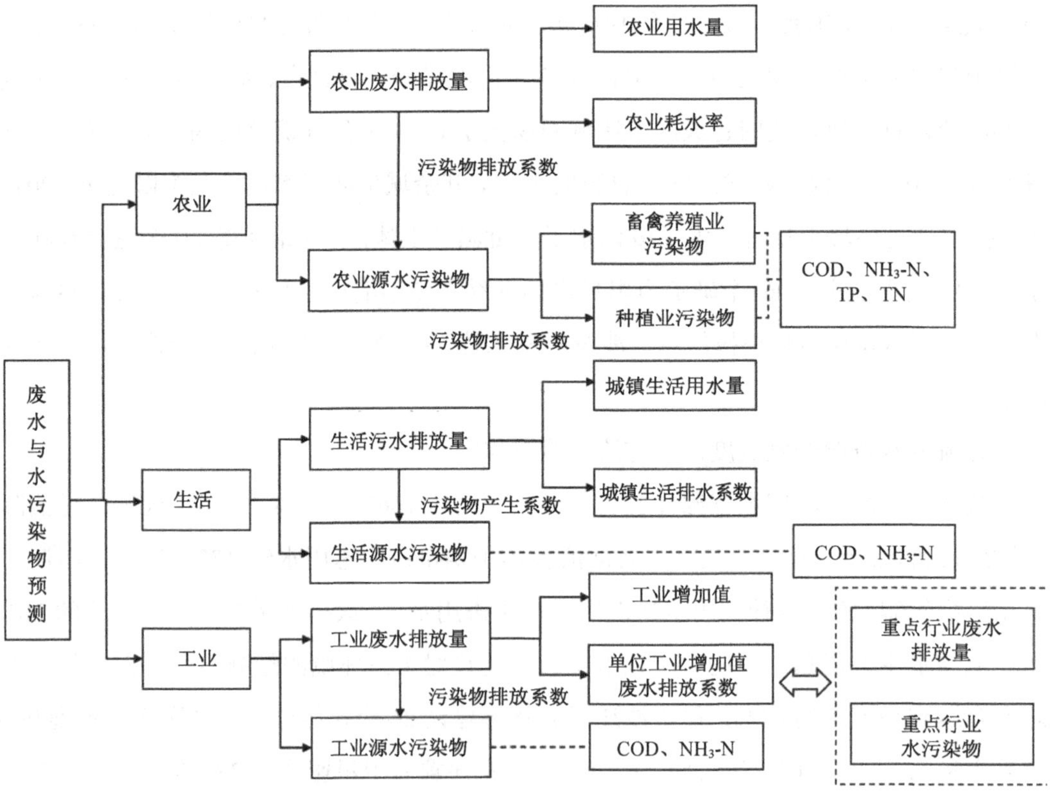

图 5-17　废水与水污染物预测技术路线

5.3 预测模型与方法

5.3.1 预测模型

废水和水污染物排放量预测模型见表 5-2。

表 5-2 废水和水污染物排放量预测模型

行业	类别	预测方法
农业	废水	废水排放量=用水量×（1−农业耗水率）
	污染物（COD、NH_3-N、TP、TN）	污染物排放系数=污染物排放量/废水排放量 污染物排放量=污染物排放系数×废水排放量
	种植业	种植业污染物排放量=农业源污染物排放总量×种植业污染物排放系数
	畜禽养殖业	畜禽养殖业污染物排放量=农业源污染物排放总量×畜禽养殖业污染物排放系数
工业	废水	工业废水产生量=工业用水量×（1−工业耗水率） 工业废水排放量＝工业增加值×工业废水排放系数
	污染物（COD、NH_3-N）	工业废水排放系数=工业废水排放量/工业增加值 污染物排放量＝工业废水排放量×污染物排放系数 污染物去除率=（污染物产生量−污染物排放量）/污染物产生量×100%
城镇生活	污水	城镇生活用水量=城镇居民人均用水量×城镇人口数量×365 城镇生活排水系数=城镇生活排水量/城镇生活用水量 城镇生活污水排放量＝城镇生活排水系数×城镇生活用水量
	污染物（COD、NH_3-N）	污染物排放量＝城镇生活污水排放量×污染物排放系数

（1）农业废水排放量预测

首先，利用水资源模块预测得到的农业用水量（含种植业和畜禽养殖业的用水量）减去农业消耗的部分得到废水产生量（假设废水产生量等于排放量）；其次，根据污染物排放系数乘以废水排放量预测各污染物的排放量，最终得到农业源水污染物排放总量。预测污染物包括 COD、NH_3-N、TP 和 TN。

（2）种植业污染物排放量预测

通过预测得到的农业源水污染物排放总量乘以种植业污染物排放系数，计算得到各污染物排放量。预测污染物包括 NH_3-N、TP 和 TN。

（3）畜禽养殖业污染物排放量预测

通过预测得到的农业源水污染物排放总量乘以畜禽养殖业污染物的排放系数，计算得到各污染物排放量。预测污染物包括 COD、NH_3-N、TP 和 TN。

（4）生活污水排放量预测

生活污水主要包括城镇生活污水和农村生活污水，由于《环境统计年鉴》中只包含城镇生活污水及污染物相关数据，本书只考虑城镇生活污水排放量的预测，城镇生活污水排放量根据城镇生活排水系数计算，再根据污染物产生系数计算出污染物排放量。

（5）工业废水和污染物排放量预测

首先，利用历年工业废水排放量除以工业增加值，得到工业废水排放系数，预测年工业废水排放量由工业废水排放系数乘以预测年工业增加值得到；其次，根据污染物排放系数乘以工业废水排放量预测各污染物的排放量，最终得到工业污染物排放总量。预测污染物包括 COD 和 NH_3-N。

（6）重点用水行业废水排放量预测

首先，根据近几年《中国环境统计年鉴》中各行业的废水排水量及各行业增加值，计算出废水排放系数，即单位产值的排放量，预测出各行业的废水排放量；其次，预测年份的重点行业增加值和重点行业废水排放系数、污染物排放系数相乘即得到重点行业废水排放量和污染物排放量。预测污染物包括 COD 和 NH_3-N。

5.3.2 模型参数确定

模型参数预测方法和依据见表 5-3。

表 5-3 参数预测方法和依据

行业	指标	预测方法和依据
农业	农业用水量	利用水资源模块得到
	农业耗水系数	农业耗水率由《中国水资源公报》计算得出，采用时间序列的二次加权移动平均法、趋势外推方法预测。预测到 2035 年农业的耗水系数为 0.655
	污染物排放系数	根据《中国环境统计年鉴》与《中国统计年鉴》的现状值计算出 2011—2016 年的污染物排放系数，采用时间序列的二次加权移动平均法、趋势外推方法预测
畜禽养殖业	畜禽养殖量	畜禽养殖量主要取决于消费需求、食品结构、畜禽生产能力、饲料供应和畜牧业科技进步等因素，对以上因素综合分析，今后我国肉类及禽蛋的增长幅度将呈稳中有升的态势
	畜禽养殖业污染物排放系数	根据《中国环境统计年鉴》与《中国统计年鉴》的现状值计算出 2011—2016 年畜禽养殖业 COD、NH_3-N、TP 和 TN 的排放量占农业源各污染物的排放比例，采用时间序列的二次加权移动平均法、趋势外推方法预测
城镇生活	城镇生活用水量	利用水资源模块得到
	城镇生活排水系数	根据《中国水资源公报》《中国环境统计年鉴》和《中国统计年鉴》的现状值计算出 2011—2016 年城镇生活排水系数，采用时间序列的二次加权移动平均法、趋势外推方法预测
	污染物产生系数	根据《中国环境统计年鉴》与《中国统计年鉴》的现状值计算出 2011—2016 年的污染物产生系数，再用趋势外推法预测

行业	指标	预测方法和依据
工业	工业用水量	利用水资源模块得到
	工业增加值	利用经济社会发展预测模块得到
	工业废水排放系数	根据《中国环境统计年鉴》与《中国统计年鉴》的现状值计算出 2011—2016 年的工业废水排放系数，采用时间序列的二次加权移动平均法、趋势外推方法预测
	污染物排放系数	根据《中国环境统计年鉴》与《中国统计年鉴》的现状值计算出 2011—2016 年的污染物排放系数，再用趋势外推方法预测
重点行业	重点行业增加值	利用经济社会发展预测模块得到
	重点行业废水排放系数	根据《中国环境统计年鉴》与《中国统计年鉴》的现状值计算出 2013—2016 年的重点行业废水排放系数，再用趋势外推方法预测
	污染物排放系数	根据《中国环境统计年鉴》与《中国统计年鉴》的现状值计算出 2013—2016 年的污染物排放系数，再用趋势外推方法预测

（1）农业相关参数预测

农业废水排放量及其污染物排放量预测相关参数见表 5-4～表 5-6。

表 5-4　农业相关参数预测

年份	农业耗水率/%	农业源 COD 排放系数/（t/万 t*）	农业源 NH_3-N 排放系数/（kg/万 t）	农业源 TN 排放系数/（kg/万 t）	农业源 TP 排放系数/（kg/万 t）
2020	64.4	0.68	469	0.334	392
2025	65.0	0.56	398	0.333	390.8
2030	65.3	0.43	337	0.332	389.5
2035	65.5	0.40	310	0.331	388.7

注：* 万 t 为废水产生量单位。

表 5-5　种植业相关参数预测　　单位：%

年份	种植业 NH_3-N 排放系数	种植业 TN 排放系数	种植业 TP 排放系数
2020	23.6	33.8	19.6
2025	26.3	34.5	19.9
2030	27.2	34.8	20.5
2035	27.5	35.1	20.6

表 5-6　畜禽养殖业相关参数预测

单位：%

年份	畜禽养殖业 COD 排放系数	畜禽养殖业 NH_3-N 排放系数	畜禽养殖业 TN 排放系数	畜禽养殖业 TP 排放系数
2020	94.3	71.6	64.5	77.4
2025	93.1	70.5	63.8	77.3
2030	92.6	70.1	63.5	76.8
2035	92.3	70.0	63.3	76.3

（2）工业相关参数预测

工业废水及其污染物排放量和重点行业废水及其污染物排放量预测相关参数见表 5-7～表 5-10。

表 5-7　工业相关参数预测

年份	工业增加值/万亿元	工业用水量/亿 m^3	工业废水排放系数/（m^3/万元）	工业源 COD 排放系数/（t/万 m^3）	工业源 NH_3-N 排放系数/（t/万 m^3）
2020	31.99	1 254.01	5.99	1.40	0.09
2025	42.55	1 168.04	4.99	1.34	0.08
2030	54.99	967.23	4.19	1.30	0.08
2035	68.98	778.34	3.69	1.26	0.07

表 5-8　重点行业废水排放系数预测

单位：t/万元

行业	2020 年	2025 年	2030 年	2035 年
化工行业	8.31	5.87	4.29	2.71
造纸和纸制品业	32.36	27.77	23.99	20.21
纺织业	16.07	14.31	11.96	9.61
煤炭开采和洗选业	19.21	17.33	14.16	10.99
钢铁行业	5.52	5.06	4.38	3.89

表 5-9　重点行业 COD 排放系数预测

单位：t/万元

行业	2020 年	2025 年	2030 年	2035 年
造纸和纸制品业	7.68	6.75	6.32	5.99
化工行业	9.10	8.04	7.56	7.01
农副食品加工业	17.56	16.82	16.00	15.30
纺织业	12.00	10.98	8.76	7.25

表 5-10　重点行业 NH_3-N 排放系数预测　　单位：t/万元

行业	2020 年	2025 年	2030 年	2035 年
化工行业	9.4	9.03	8.29	7.56
纺织业	29.8	28.56	27.89	26.55
农副食品加工业	26.21	25.43	25.09	23.9
造纸及纸制品业	24.28	23.16	22.77	21.06

5.4　预测结果与分析

5.4.1　农业废水排放预测

（1）农业废水排放量预测

农业废水排放量主要分为种植业废水排放量和畜禽养殖业废水排放量两部分，《中国水资源公报》从 2012 年起将畜禽养殖业用水量调整到农业用水量中，所以本研究以 2011—2016 年农业用水量为基准，预测的农业废水排放量为种植业和畜禽养殖业的废水排放量之和。种植业用水量占农业用水量的绝大部分，随着农业灌溉技术及节水措施的不断提升、畜禽养殖业的规范化，农业耗水率增加，预测结果见表 5-11，2020 年、2025 年、2030 年、2035 年农业废水排放量分别约 1 316.20 亿 t、1 261.18 亿 t、1 184.26 亿 t、1 110.67 亿 t，呈现逐年下降的趋势。

表 5-11　预测年农业废水排放量　　单位：亿 t

年份	农业用水量	农业废水排放量
2020	3 697.20	1 316.20
2025	3 603.38	1 261.18
2030	3 412.85	1 184.26
2035	3 219.34	1 110.67

（2）农业源水污染物排放量预测

预计 2035 年，农业源 COD、NH_3-N、TN、TP 等主要污染物排放量较 2015 年呈现明显的下降趋势，4 种污染物的下降率分别达到 58.42%、52.58%、20.33%、21.04%（图 5-18～图 5-21），总量减排成效显著。其中，农业源 COD 排放量下降速度明显，2020 年、2025 年、2030 年、2035 年农业源 COD 排放量分别达到 896.99 万 t、711.31 万 t、511.01 万 t、444.27 万 t。

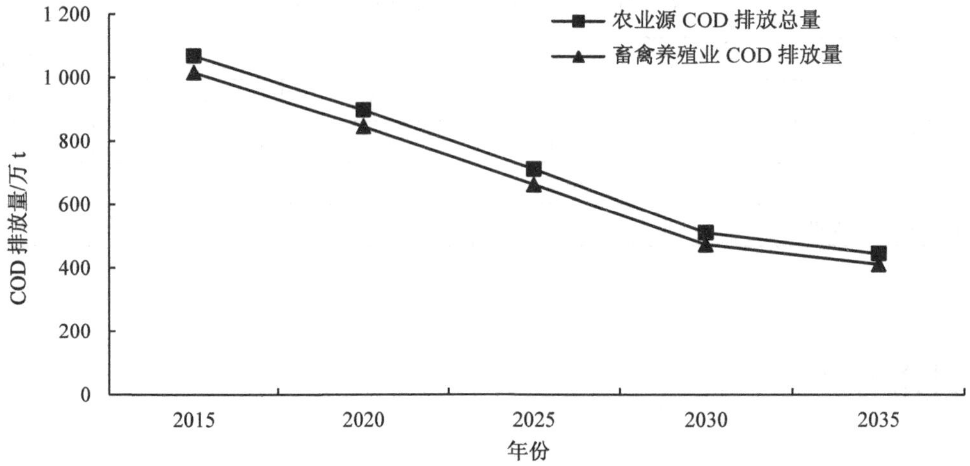

图 5-18　农业源 COD 排放量预测结果

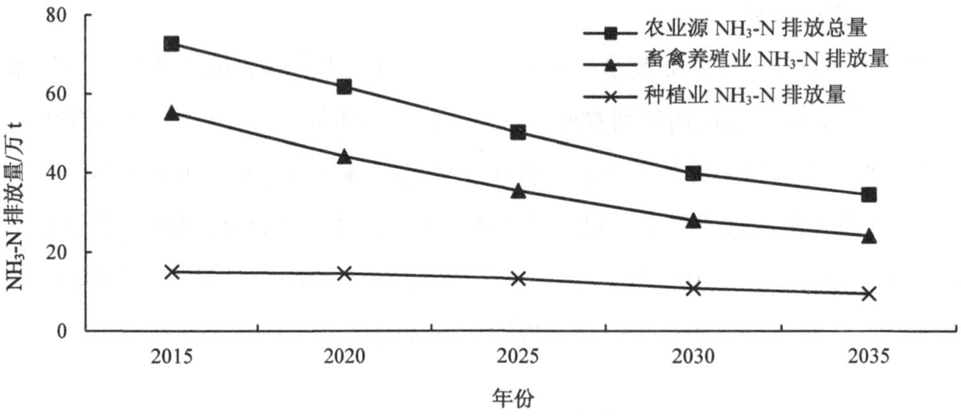

图 5-19　农业源 NH_3-N 排放量预测结果

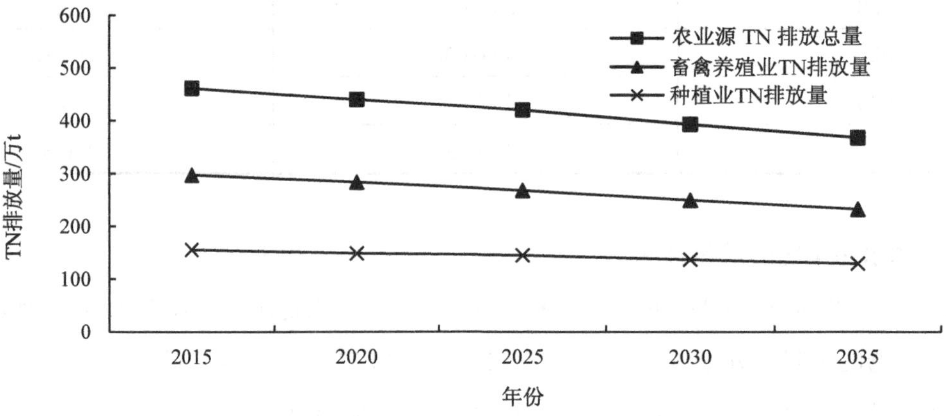

图 5-20　农业源 TN 排放量预测结果

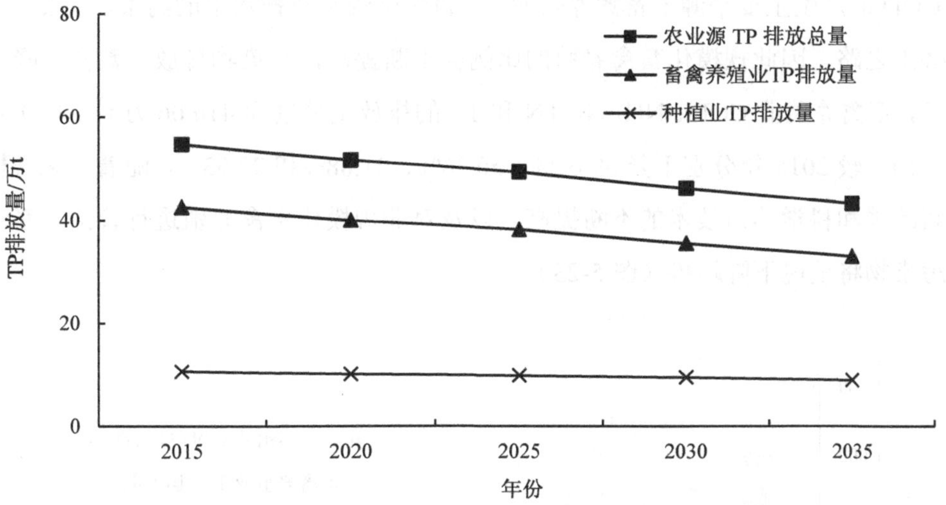

图 5-21　农业源 TP 排放量预测结果

农业面源氮磷污染主要来源于种植业产生的污染，其污染程度与气候、地形、降雨量等因素有很大关系。预测结果显示，2020 年，2025 年、2030 年、2035 年，种植业 NH_3-N 排放量分别达到 14.56 万 t、13.22 万 t、10.84 万 t、9.46 万 t，种植业 TN 排放量分别达到 148.37 万 t、144.81 万 t、136.74 万 t、128.82 万 t，种植业 TP 排放量分别达到 10.09 万 t、9.80 万 t、9.44 万 t、8.91 万 t，2035 年三种污染物较 2015 年分别下降了 36.95%、17.16%和 15.94%（图 5-22）。

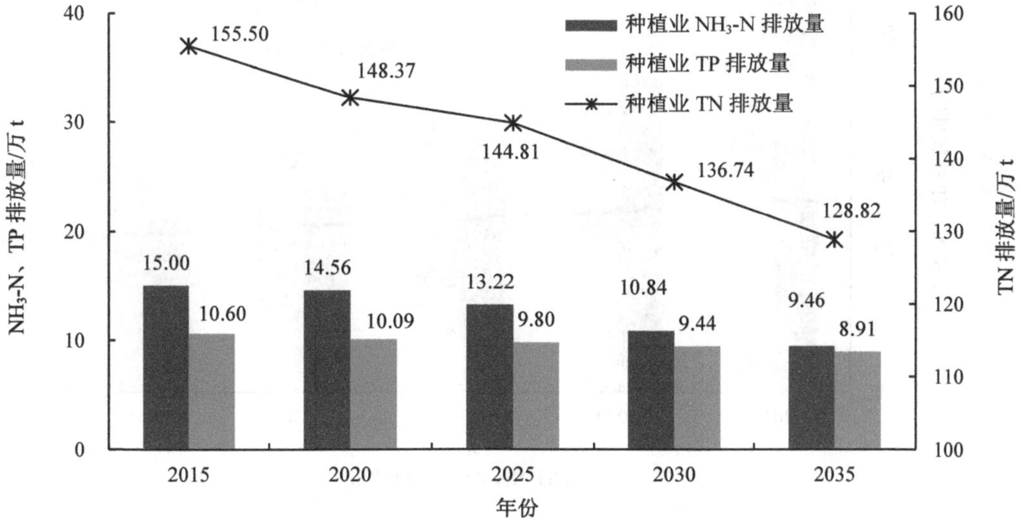

图 5-22　种植业污染物排放量预测结果

农业源 COD 的产生主要来源于畜禽养殖业，受自然资源和科技水平的约束，未来畜禽产品的集约化生产是必由之路，因此规模化畜禽养殖的比例会不断提高，污染物排放系数会下降，预测结果显示，2035 年，畜禽养殖业 COD、NH_3-N、TN 和 TP 的排放量分别为 410.06 万 t、24.09 万 t、232.46 万 t 和 32.95 万 t，较 2015 年分别下降 59.62%、56.36%、21.88%和 22.53%，随着未来规模化畜禽养殖环境的不断改善和科学养殖技术的不断提高，以及对非规模化畜禽养殖进行管治，畜禽养殖业废水中的主要污染物将呈现下降趋势（图 5-23）。

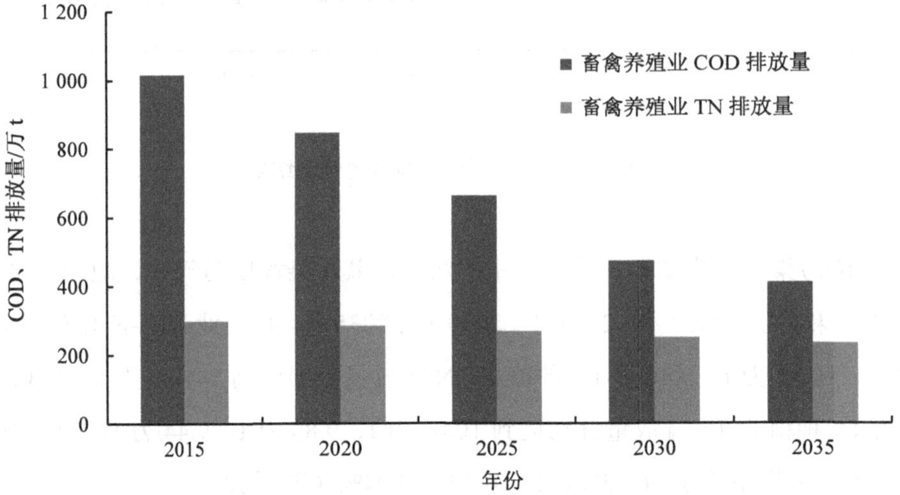

（a）COD、TN 排放量

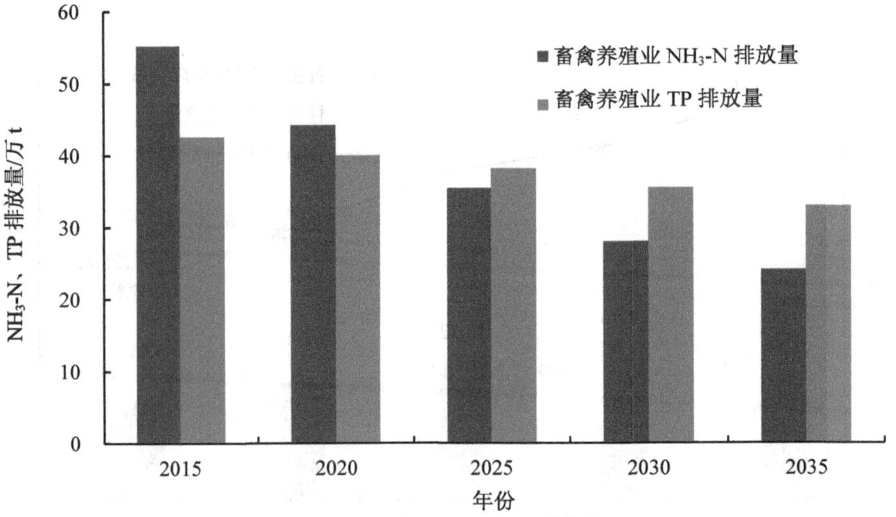

（b）NH_3-N、TP 排放量

图 5-23　畜禽养殖业废水污染物排放量预测结果

5.4.2 生活污水排放预测

（1）生活污水排放量预测

城镇生活污水排放量受到人均用水量、人口数量、城镇生活排水系数和污水回用率等诸多因素的影响，随着污水处理技术的改善，污水回用率逐年提高，城镇生活污水排放量增速逐渐放缓。预测结果见表 5-12，2020 年、2025 年、2030 年、2035 年城镇生活污水排放量将达到 640.04 亿 t、718.34 亿 t、781.61 亿 t、834.28 亿 t，排放量呈上升趋势。

表 5-12 预测年城镇生活污水排放量

单位：亿 t

年份	城镇居民生活用水量	城镇生活污水排放量
2020	741.56	640.04
2025	827.58	718.34
2030	898.40	781.61
2035	964.49	834.28

（2）生活源水污染物排放量预测

城镇生活污水 COD 和 NH_3-N 排放量的预测结果如图 5-24 所示，可以看出，COD 排放量逐年递减，NH_3-N 排放量为 120 万～130 万 t，呈现波动状态。经济增长速度放缓和污染物治理水平的提升为实现环境质量的好转提供了有利条件，有望在“十四五”末期下降到较低的水平。2020 年、2025 年、2030 年、2035 年 COD 的排放量将达到 812.85 万 t、761.44 万 t、711.26 万 t、709.14 万 t，预计 2035 年比 2016 年下降 17.46%。

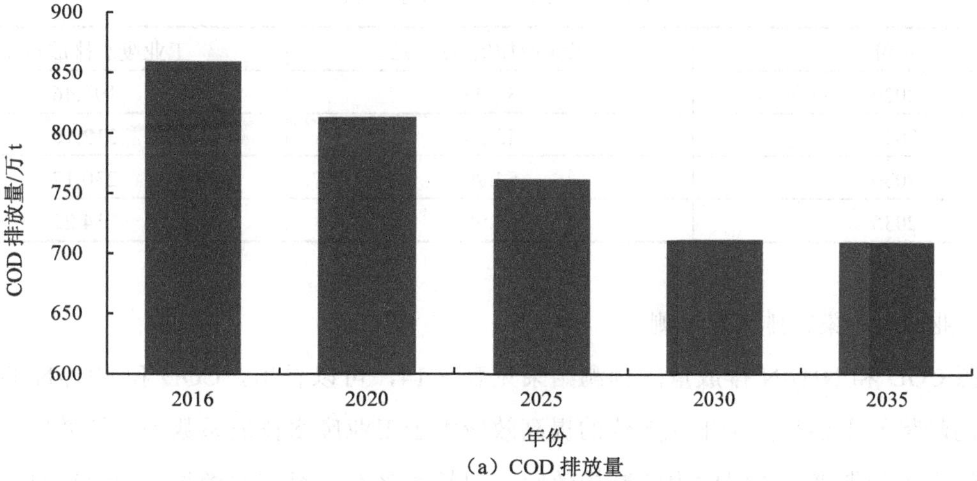

（a）COD 排放量

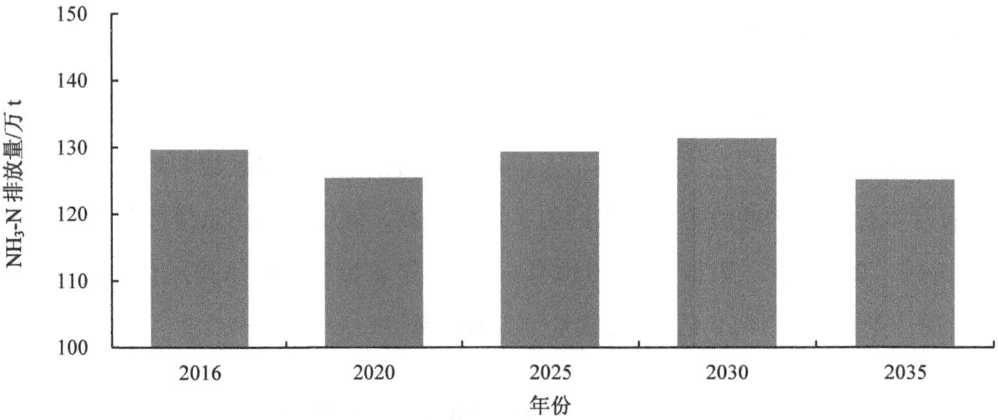

（b）NH_3-N 排放量

图 5-24　城镇生活污水 COD 和 NH_3-N 排放量预测结果

5.4.3　工业废水排放预测

（1）工业废水排放量预测

随着国家对环境保护的重视程度越来越高、环保执法力度的加强以及污水处理技术的不断成熟，预计我国单位工业增加值废水排放系数逐渐降低，由于经济稳步增长，工业废水排放量依然巨大，与生活污水相比，工业废水对自然环境和人们生活环境产生的危害更大。2020 年、2025 年、2030 年、2035 年工业废水排放量分别达到 191.46 亿 t、212.10 亿 t、230.17 亿 t、254.22 亿 t，呈现逐年增加的趋势（表 5-13）。

表 5-13　预测年工业废水排放量

年份	工业增加值/万亿元	工业废水排放量/亿 t
2020	31.99	191.46
2025	42.55	212.10
2030	54.99	230.17
2035	68.98	254.22

（2）工业源水污染物排放量预测

工业源 COD 和 NH_3-N 排放量的预测结果见表 5-14，可以看出，COD 和 NH_3-N 的排放量呈逐年增加的趋势。主要是由于工业产值的提高效应大于工业废水排放系数的降低效应，虽然污染治理技术的升级会带来一段时间内的减排效应，但长远来看，经济的增长会使污染物的产生量不断增加。2020 年、2025 年、2030 年、2035 年 COD 的排放量将达到 267.09 万 t、284.22 万 t、298.07 万 t、319.05 万 t。

表 5-14　预测年工业源水污染物排放量　　单位：万 t

年份	COD 排放量	NH_3-N 排放量
2020	267.09	17.42
2025	284.22	17.45
2030	298.07	17.56
2035	319.05	18.37

（3）重点用水行业废水及其污染物排放量预测

通过对近几年《中国环境统计年鉴》进行分析，化工、造纸、食品、纺织等行业是废水和主要水污染物排放大户。2016 年，工业行业废水排放量居前五位的依次为化工行业、造纸及纸制品业、纺织业、煤炭开采和洗选业、钢铁行业。5 个行业的废水排放总量为 70.8 亿 t，占全国工业行业废水排放总量的 51.8%，通过各行业废水排放系数法进行废水排放量的预测，结果见表 5-15，到 2035 年，化工行业、造纸和纸制品业、纺织业、煤炭开采和洗选业、钢铁行业的废水排放量分别为 9.07 亿 t、22.32 亿 t、20.40 亿 t、5.55 亿 t 和 5.15 亿 t，其中造纸和纸制品业、纺织业呈现先升后降的趋势，其余 3 个行业废水排放量呈现减少的趋势。

表 5-15　预测年重点行业废水排放量　　单位：亿 t

行业	2020 年	2025 年	2030 年	2035 年
化工行业	15.46	13.71	12.30	9.07
造纸和纸制品业	18.89	22.17	24.07	22.32
纺织业	17.61	19.71	20.52	20.40
煤炭开采和洗选业	8.78	8.17	6.89	5.55
钢铁行业	8.79	7.51	6.21	5.15

2016 年《中国环境统计年鉴》显示，COD 排放量居前四位的工业行业分别为造纸和纸制品业、化工行业、农副食品加工业、纺织业，NH_3-N 排放量居前四位的工业行业分别是化工行业、纺织业、农副食品加工业、造纸和纸制品业，通过污染物排放系数法对其进行测算（表 5-16、表 5-17），预计到 2035 年，COD 排放量基本呈下降趋势，其中造纸和纸制品业较 2016 年下降 42.6%，纺织业下降 25.4%，农副食品加工业下降 19.9%，化工行业与 2016 年度相比下降不明显。四大重点行业 NH_3-N 的排放量呈现先升后降的趋势，其中纺织业较 2016 年下降 59.1%，造纸和纸制品业下降 43.8%，化工行业下降 22.9%（图 5-25、图 5-26）。

表 5-16　预测年重点行业 COD 排放量　　单位：万 t

行业	2016 年	2020 年	2025 年	2030 年	2035 年
造纸和纸制品业	15.26	22.60	20.69	15.30	8.76
化工行业	15.08	15.30	14.94	15.31	14.83
农副食品加工业	13.74	22.15	17.87	16.63	11.01
纺织业	12.24	15.87	15.21	10.93	9.13

表 5-17　预测年重点行业 NH_3-N 排放量　　单位：万 t

行业	2016 年	2020 年	2025 年	2030 年	2035 年
化工行业	2.58	3.06	3.06	2.39	1.99
纺织业	0.93	1.07	0.81	0.60	0.38
农副食品加工业	0.83	1.78	1.95	1.75	1.54
造纸和纸制品业	0.64	0.86	0.81	0.67	0.36

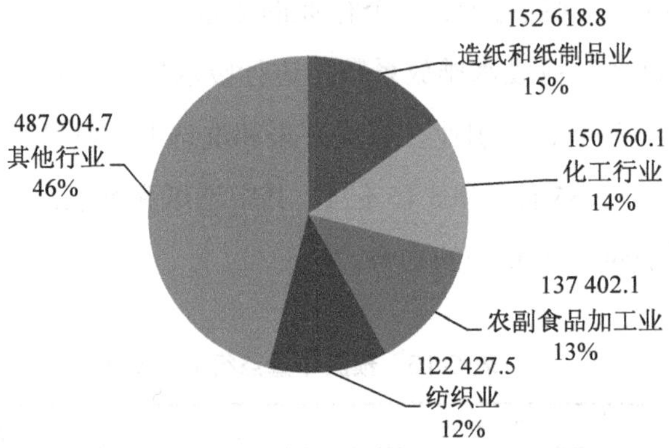

（a）2016 年

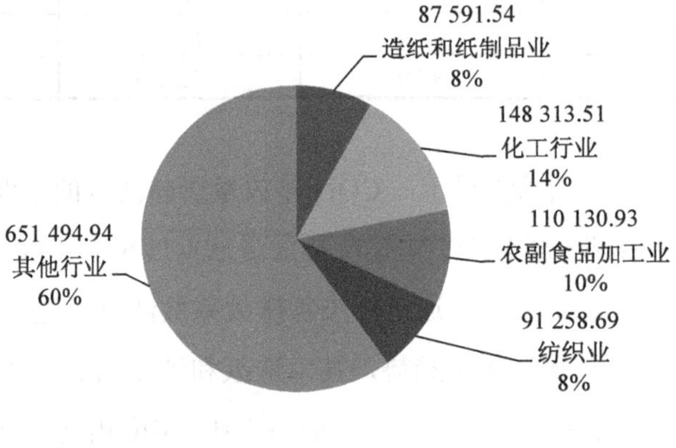

（b）2035 年

图 5-25　2016 年和 2035 年重点行业 COD 排放情况（单位：t）

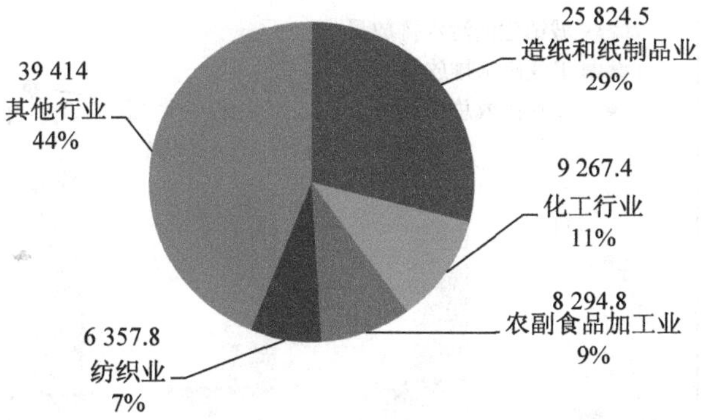

（a）2016 年

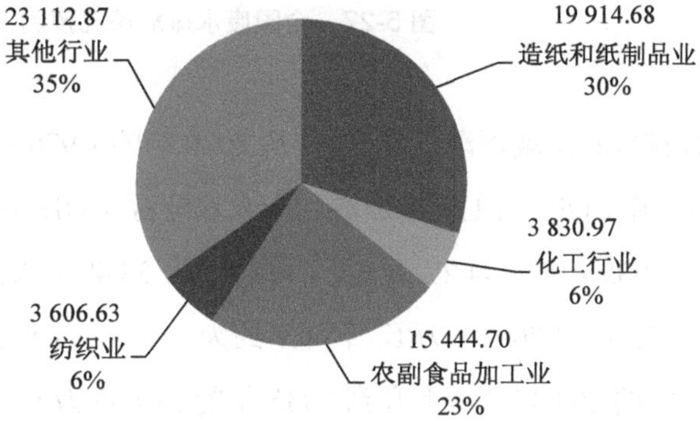

（b）2035 年

图 5-26 2016 年和 2035 年重点行业 NH_3-N 排放情况（单位：t）

5.4.4 废水排放总量预测

从全国层面来看，废水排放量将持续增加，2020 年、2025 年、2030 年、2035 年全国废水排放量（含城镇生活污水和工业废水）分别达到 831.5 亿 t、930.4 亿 t、1 011.8 亿 t 和 1 088.5 亿 t，分别比 2016 年上升了 16.9%、30.8%、42.3%和 53.1%。从图 5-27 可见预测期内城镇生活污水、工业废水排放量均保持较快的增长速度，其中城镇生活污水排放量由 2016 年的 557.27 亿 t 上升到 2035 年的 834.28 亿 t，增长率约为 49.7%。工业废水排放量由 2016 年的 153.08 亿 t 上升到 2035 年的 254.22 亿 t，增长率约为 66.1%（图 5-27）。

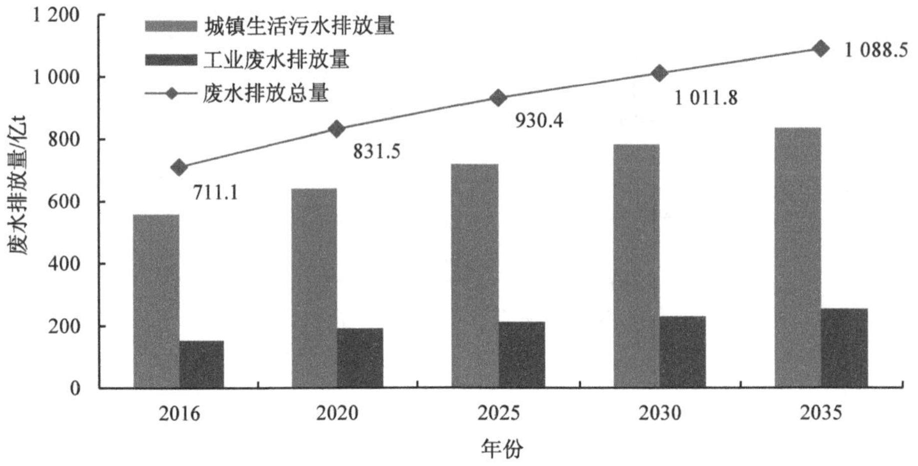

图 5-27 全国废水排放情况预测

全国废水 COD 排放将呈现逐渐下降趋势，从 2020 年的 1 976.9 万 t 下降到 2035 年的 1 472.5 万 t。农业和城镇生活是我国 COD 的主要排放源，未来农业源 COD 排放量下降趋势明显，由 2015 年的 1 068.58 万 t 下降到 2035 年的 444.27 万 t，下降率约为 58.4%；城镇生活源 COD 排放量由 2015 年的 846.94 万 t 下降到 2035 年的 709.14 万 t，下降率约为 16.3%；工业源 COD 减排压力较大，呈现先降后升的趋势，由 2015 年的 293.45 万 t 上升到 2035 年的 319.05 万 t，上升率约为 8.7%（图 5-28）。

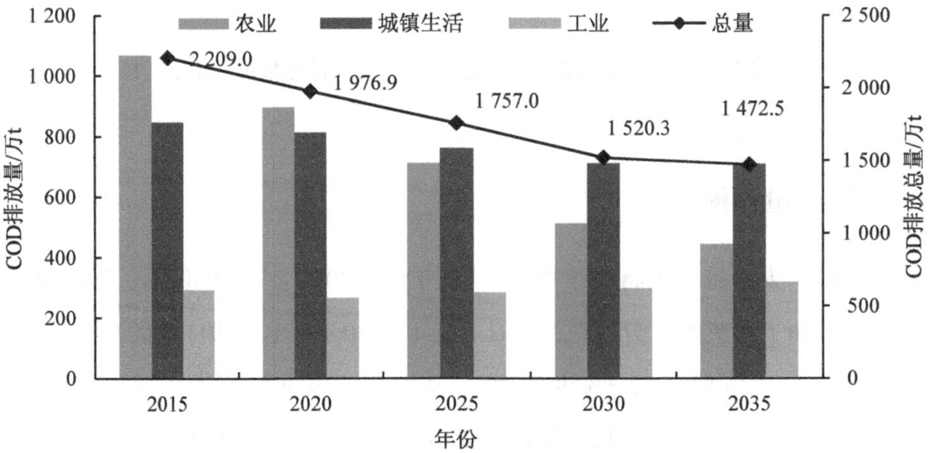

图 5-28 全国废水 COD 排放情况预测

预测期内，全国废水 NH_3-N 排放量呈下降趋势，由 2015 年的 228.4 万 t 下降到 2035 年的 177.9 万 t，下降率约为 22.1%。城镇生活源是我国 NH_3-N 的主要排放源，占比达 50%以上，且预测期内贡献度逐年增加（图 5-29）。2015 年城镇生活源 NH_3-N 排放量为 134.08 万 t，占 NH_3-N 排放总量的

58.7%，2035 年城镇生活源 NH_3-N 排放量下降为 125.14 万 t，占 NH_3-N 排放总量的 70.3%；工业源 NH_3-N 排放压力相对较小，由 2015 年的 21.74 万 t 下降到 2035 年的 18.37 万 t，下降率约为 15.5%。

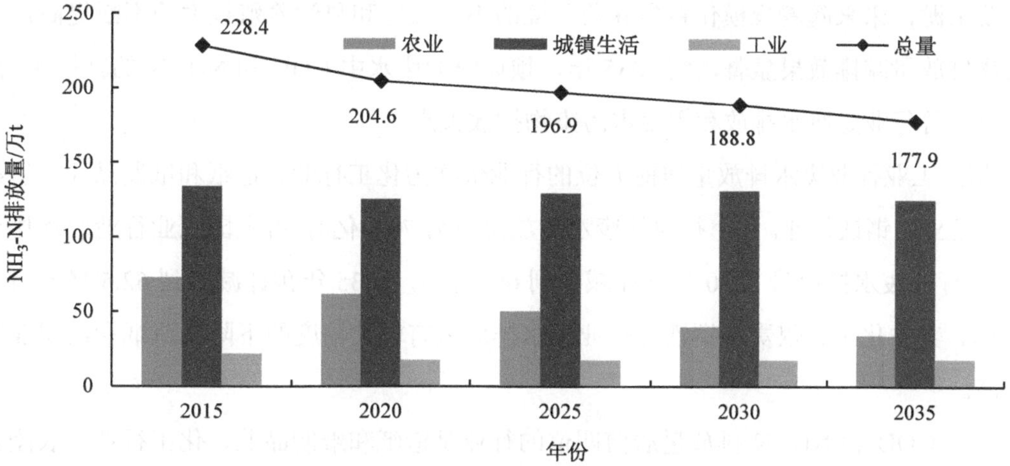

图 5-29 全国废水 NH_3-N 排放情况预测

5.5 主要结论与形势研判

5.5.1 主要结论

（1）废水主要污染物排放中工业源占比较小，主要为农业源和生活源

2015 年，全国废水中 COD 排放量为 2 209.0 万 t，其中，工业源 COD 排放量为 293.45 万 t、城镇生活源 COD 排放量为 846.94 万 t、农业源 COD 排放量为 1 068.58 万 t；农业源 COD 排放量占比最高，占到 48.4%。2035 年，全国废水中 COD 排放量预计为 1 472.5 万 t，其中农业源占比为 30.2%，有所下降，工业源和生活源占比有所提升，但农业源和生活源依旧占总量的 78.3%。2015 年废水中 NH_3-N 排放量为 228.4 万 t，其中，工业源 NH_3-N 排放量为 21.74 万 t、城镇生活源 NH_3-N 排放量为 134.08 万 t、农业源 NH_3-N 排放量为 72.6 万 t；城镇生活源 NH_3-N 排放量占比最高，占到 58.7%，预计到 2035 年，全国废水中 NH_3-N 排放量约为 177.9 万 t，其中生活源和农业源占比约达到 90%。

（2）农业废水排放量和主要污染物排放量持续下降

农业废水产生量主要来源于种植业的废水产生量和规模化畜禽养殖业的废水产生量，其中种植业的废水产生量占到农业废水产生量的绝大部分，但随着灌溉用水总量的减少，以及一系列节水技术措施使农业耗水率降低，种植业废水排放量呈现逐年下降的趋势。2015 年，畜禽养殖业 COD 的排放量占农业废水排放总量的95%，NH_3-N的排放量占农业废水排放总量的76%，TP的排放量占农业废水排放总量的78%，TN的排放量占农业废水排放总量的64%，因此畜禽养殖业是农业废水污染物的主要来源，未来随着规模化畜禽养殖环境的不断改善和科学养殖技术的不断提高，畜禽养殖业的污染物排放量减排效果显著，到2035年，预计农业废水中COD和NH_3-N的减排率约为50%。

（3）化工等行业是废水排放和主要水污染物排放大户

2016年，工业行业废水排放量居前五位的行业依次为化工行业、造纸和纸制品业、纺织业、煤炭开采和洗选业、钢铁行业。5个行业的废水排放总量为70.8亿t，占全国工业行业废水排放总量的51.8%，5个行业废水排放量2020年预计减少到69.5亿t，2035年预计减少到62.5亿t，较2016年下降11.7%。其中化工、煤炭和钢铁等行业废水排放量有较大幅度的下降，造纸和纺织业废水排放量有所提高。

2016年，COD和NH_3-N排放量居前四位的行业是造纸和纸制品业、化工行业、农副食品加工业和纺织业。4个行业的COD和NH_3-N排放量分别为56.3万t和5.0万t，分别占全国工业行业排放总量的53.6%和55.8%，未来几年两种污染物都呈现先升后降的趋势。随着产业结构的调整以及污染治理技术的更新，排放量开始持续下降，预计到2035年COD排放量较2016年约下降22%，NH_3-N排放量约下降14%。

5.5.2 水环境质量趋势研判

我国实施“水十条”等行动计划以来，水污染防治工作已经取得积极进展，主要水污染物排放量呈现下降趋势，水环境质量改善成效显著，全国河流断面中水质优于Ⅲ类断面比例呈现稳步增长趋势，以常规环境监测指标衡量的近海水环境质量基本保持总体良好。未来随着我国主要水污染物减排力度的加大、工业和生活污水处理水平的提高，我国COD、NH_3-N排放量还将继续呈现下降趋势，但水污染物减排与水质耦合同步改善关系还不明显，TN、TP排放量将面临不确定性，并且农业面源污染控制难度较大，城市内河治理等方面还存在很大差距，结构性减排面临较大挑战。

参照发达国家水生态环境治理进程，治理的难点是管网等地下工程、地下水污染、河道底泥污染，发达国家用了二十余年时间水质状况才有较大幅度改善，其中部分污染严重的水体，治理时间可能需要30～35年。京津冀等地区水环境恢复的难度超过大气治理，预计还需要20～30年。预计到2030年，我国水环境质量总体改善的同时水生态系统功能初步恢复；到2035年，我国水生态环境基本实现按功能区达标，全面消除黑臭水体，好于Ⅲ类的水体占80%，近岸海域水质优良比例将达到75%以上，其中辽河、海河、“三湖”等流域的水质是重点改善对象；到2050年，水生态环境质量将全面改善，生态系统实现良性循环。

第6章　大气环境形势预测

自2013年以来，《大气污染防治法》的修订、《大气污染防治行动计划》和《打赢蓝天保卫战三年行动计划》的陆续出台等一系列举措为大气污染防治和大气环境质量改善提供了法律和政策引领。本章通过对同等发展阶段美国、日本、欧盟等主要发达国家和地区的排放状况和环境质量状况进行对比分析研究，科学预测我国2020—2035年主要大气污染物SO_2、NO_x和烟（粉）尘的排放趋势，以及SO_2、NO_2、$PM_{2.5}$、PM_{10}的浓度变化趋势，为实现美丽中国提供科学依据。

6.1　大气环境现状

6.1.1　大气污染排放

2011—2016年，主要大气污染物的排放量持续下降。2016年，SO_2、NO_x、烟（粉）尘的排放量分别为1 102.9万t、1 394.3万t、1 010.7万t，分别较2011年排放量下降了50%、42%、21%（图6-1）。2011—2015年，SO_2排放量年变化率分别为−5%、−3%、−3%、−6%和−41%；NO_x年变化率分别为−3%、−5%、−7%、−11%和−25%；烟（粉）尘年变化率为−3%、4%、36%、−12%和−34%。可以看到主要大气污染物排放量在2015年出现大幅的减少，但烟（粉）尘排放量在2014年出现了一个明显的增加。从各省份大气污染物排放情况来看，2016年SO_2排放量较高的省份为山东（113.5万t）、河北（78.9万t）、山西（68.6万t）、贵州（64.7万t）和内蒙古（62.6万t）；较低的省份为西藏（0.5万t）、海南（1.7万t）。NO_x排放量较高的省份为北京（122.9万t）、天津（112.7万t）；较低的省份为新疆（5.5万t）、宁夏（6.2万t）。烟（粉）尘排放量较高的省份为北京（125.7万t）、天津（87.4万t）；较低的省份为新疆（1.7万t）、宁夏（2.1万t）。

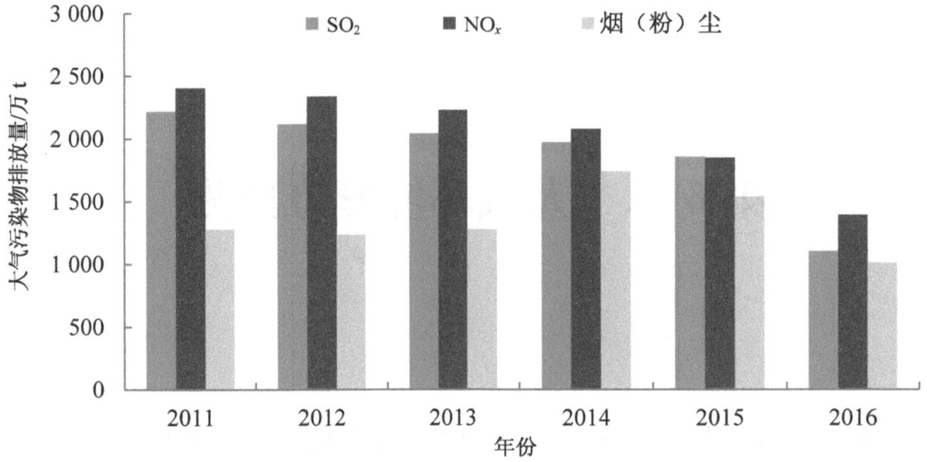

图 6-1　2011—2016 年主要大气污染物排放量

6.1.1.1　SO_2 排放现状分析

2011—2016 年，SO_2 排放量分别为 2 217.9 万 t、2 117.6 万 t、2 043.9 万 t、1 974.4 万 t、1 859.1 万 t 和 1 102.9 万 t。排放主要来自工业源和生活源，工业源比重较 NO_x、烟（粉）尘更高。2011—2016 年，SO_2 排放工业源比重分别为 91.0%、90.3%、89.8%、88.1%、83.7%和 73.3%；生活源比重分别为 9.0%、9.7%、10.2%、11.8%、16.0%、26.7%；集中式污染治理设施排放比重不到 1%（图 6-2）。

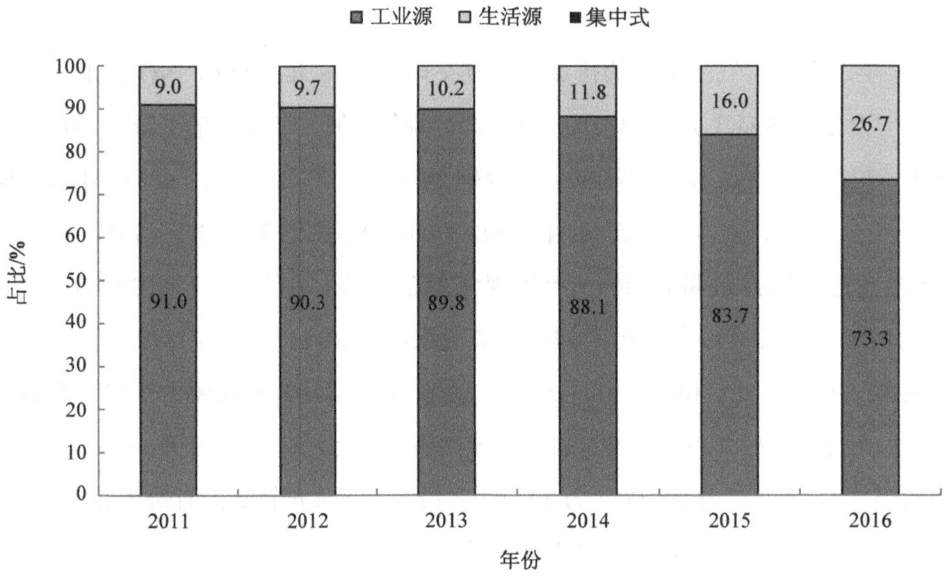

图 6-2　2011—2016 年 SO_2 排放来源占比

2016 年，生活源排放量较高的省份为山西（30.07 万 t）、山东（26.90 万 t），排放量较低的省份为海南（0.04 万 t）、西藏（0.40 万 t）、上海（0.68 万 t）。

6.1.1.2 NO_x 排放现状分析

2011—2016 年，NO_x 排放量分别为 2 404.3 万 t、2 337.8 万 t、2 227.4 万 t、2 078.0 万 t、1 851.0 万 t 和 1 394.3 万 t。主要来自工业源以及机动车，工业源比重较 SO_2、烟（粉）尘稍低。2011—2016 年，工业源 NO_x 排放的比重分别为 72%、71%、69%、68%、64%和 55%；生活源的比重分别为 2%、2%、2%、2%、4%和 4%；机动车比重分别为 26%、27%、29%、30%、32%和 41%；集中式污染治理设施排放比重不到 1%（图 6-3）。

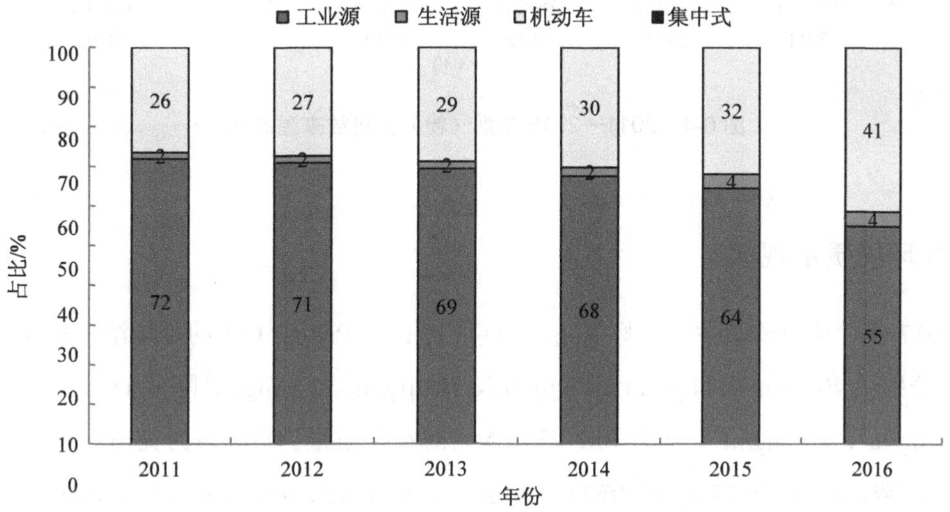

图 6-3　2011—2016 年 NO_x 排放来源占比

2016 年，机动车排放量较高的省份为北京（47.6 万 t）、天津（47.5 万 t），排放量较低的省份为新疆（2.8 万 t）、宁夏（2.9 万 t）。

6.1.1.3 烟（粉）尘排放现状分析

2011—2016 年，烟（粉）尘排放量分别为 1 278.8 万 t、1 234.3 万 t、1 278.1 万 t、1 740.8 万 t、1 538.0 万 t 和 1 010.7 万 t。排放主要来自工业源以及生活源，工业源比重较 SO_2 稍低。2011—2016 年，工业源烟（粉）尘排放的比重分别为 86%、83%、86%、84%、80%和 74%；生活源的比重分别为 9%、12%、9%、13%、16%和 20%；机动车比重分别为 5%、5%、5%、3%、4%和 5%；集中式污染治理设施排放比重不到 1%（图 6-4）。

2016 年，生活源排放量较高的省份为北京（32.4 万 t）、天津（25.7 万 t），排放量较低的省份为新疆（0.03 万 t）、宁夏（0.2 万 t）。

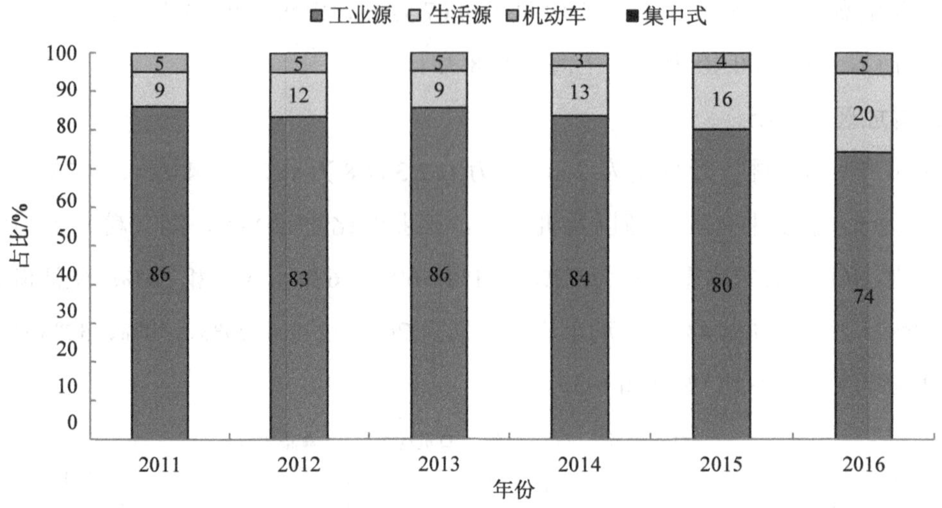

图 6-4　2011—2016 年烟（粉）尘排放来源占比

6.1.2　大气环境质量现状

2013—2017 年，空气质量主要指标 SO_2、NO_2、$PM_{2.5}$、PM_{10}、CO 的平均浓度都保持下降的趋势（图 6-5），分别从 40 μg/m³、44 μg/m³、72 μg/m³、118 μg/m³、2.5 mg/m³ 降至 18 μg/m³、31 μg/m³、43 μg/m³、75 μg/m³、1.7 mg/m³，其中 $PM_{2.5}$ 和 PM_{10} 对空气质量的贡献较为突出。另外，O_3 的浓度值保持上升的趋势，2013—2017 年平均浓度值分别为 139 μg/m³、140 μg/m³、134 μg/m³、138 μg/m³、149 μg/m³。

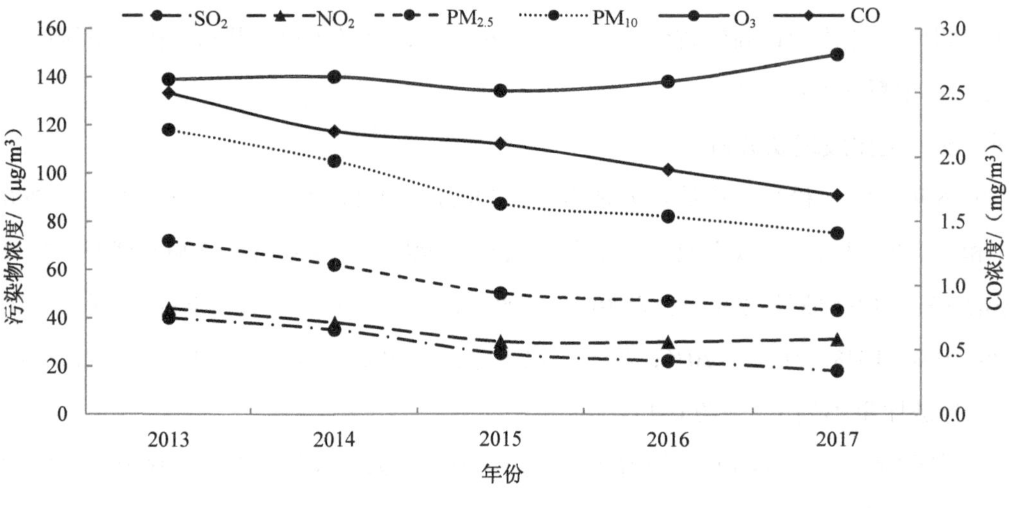

图 6-5　2013—2017 年空气质量状况

2017 年，按照《环境空气质量标准》（GB 3095—2012），全国 338 个城市有 99 个城市环境空气质量达标，占全部城市的 29.3%；239 个城市环境空气质量超标，占 70.7%。平均优良天数比例为 78.0%。5 个城市优良天数比例为 100%，170 个城市优良天数比例为 80%～100%，137 个城市优良天数比例为 50%～80%，26 个城市优良天数比例低于 50%。338 个城市发生重度污染 2 311 天次，严重污染 802 天次，以 $PM_{2.5}$ 为首要污染物的天数占重度及以上污染天数的 74.2%，以 PM_{10} 为首要污染物的天数占 20.4%，以 O_3 为首要污染物的天数占 5.9%。其中，有 48 个城市重度及以上污染天数超过 20 天，分布在新疆、河北、河南等 12 个省份。按照环境空气质量综合评价，2017 年环境空气质量相对较好的城市为海口（2.49）、拉萨（3.13）、舟山（3.18）、厦门（3.37）、福州（3.42）、惠州（3.48）、深圳（3.49）、丽水（3.54）、贵阳（3.61）和珠海（3.64）；环境空气质量相对较差的城市为石家庄（8.72）、邯郸（8.64）、邢台（8.57）、保定（8.32）、唐山（7.97）、太原（7.79）、西安（7.72）、衡水（7.29）、郑州（7.07）和济南（7.04）。

自 2013 年国务院发布《大气污染防治行动计划》（以下简称"大气十条"）以来，各部门陆续出台相关法规政策，全面布局大气污染治理工作。其中，对火电、钢铁、水泥、化工和非燃煤锅炉等行业分别制订了排放标准，有力推进了污染减排工作。目前我国大气污染特征已经从煤烟型污染逐渐转变为复合型污染。按污染物分类来看，主要污染物年均浓度保持下降的趋势，达标城市比例有不同程度提高。

6.2　基本思路与技术路线

6.2.1　基本思路

我国能源结构长期以煤为主，煤烟型污染突出，城市开始着重解决工业企业固定源污染。按照不同类别大气污染物来看，20 世纪 70 年代主要是燃煤带来的 SO_2 的排放；80 年代大气污染问题主要是伴随经济社会发展以及煤作为主要能源供应源所产生的灰霾，SO_2 的排放带来了大量的酸雨。90 年代的大气污染问题除了燃煤污染、灰霾，还包括机动车源大气污染排放，主要排放的污染物包括 NO_x、SO_2 以及 $PM_{2.5}$ 和 PM_{10}。

随着我国经济社会的发展，生态环境保护理念逐步形成，从污染治理（环保部门进行末端治理）、科学发展（地方政府进行源头控制）到生态文明理念（全社会、全过程参与生态环境保护）。与生态环境保护理念转变相对应的措施包括产业结构的优化，能源结构和利用方式的调整，清洁能源的使用，煤炭的清洁高效利用等。

6.2.2 技术路线

主要大气污染物排放量预测从来源上可以分为：工业、生活以及机动车三个方面的大气污染物的排放量。在预测燃烧过程中的大气污染物排放时，主要分析工业行业、第三产业（包括建筑业）和生活源，其中生活源分为城镇居民和农村居民的大气污染物排放情况。预测过程：①大气污染物预测以经济预测、人口预测、机动车保有量预测和能源消费量预测为基础；②根据相关系数，分别预测工业、生活和机动车的大气污染物产生量；③确定污染物削减率以及相应的大气污染物排放量。大气污染物排放预测技术路线见图 6-6。

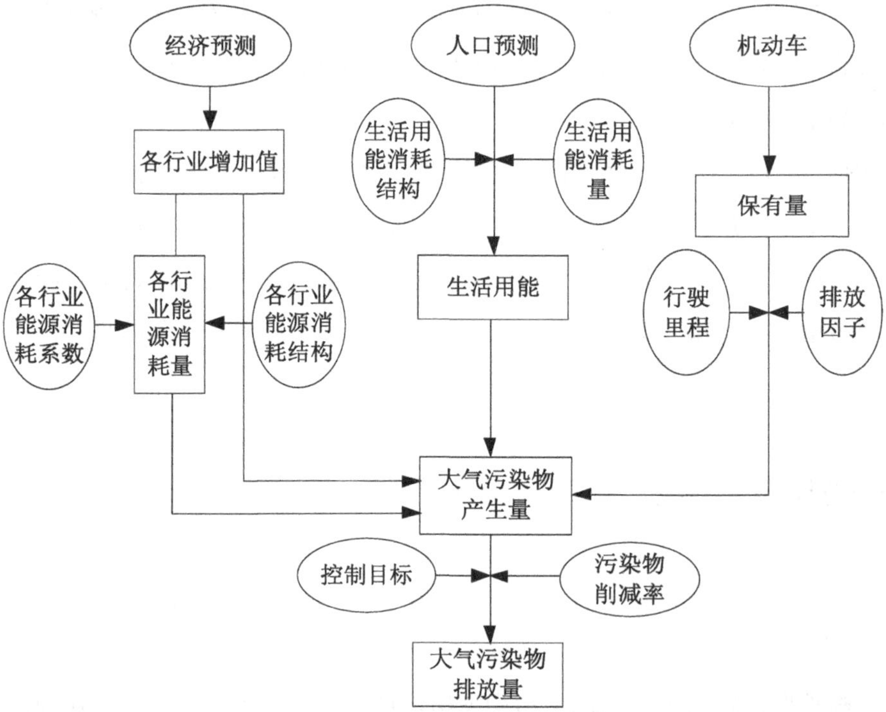

图 6-6 大气污染物排放预测技术路线

6.2.3 预测范围

预测基准年：2016 年。

预测时段范围：2020 年、2025 年、2030 年、2035 年。

6.2.4 预测指标

预测指标：SO_2、NO_x、烟（粉）尘、CO_2 的排放量。

6.3 预测模型与方法

本报告对大气污染物排放量的预测包括4个部分，即SO_2、NO_x、烟（粉）尘、CO_2，由于这几种污染物排放特征及来源不同，预测时分别采用了不同的思路。

（1）SO_2排放量预测

首先，根据各部门能源消费量以及硫的转化率，预测燃烧过程中SO_2产生量；其次，根据各行业产污系数、行业增加值，预测生产工艺过程中SO_2产生量；再次，根据各种能源消费量、燃煤或燃气含硫量、SO_2排放系数，预测居民生活SO_2产生量；最后，根据控制目标和削减率（分不同情景方案预测），预测不同方案SO_2排放量。

（2）NO_x排放量预测

首先，根据各部门各种能源消费量、NO_x排放因子，预测燃烧过程中NO_x产生量；其次，根据产品排污系数、产品产量，预测工艺过程中NO_x产生量；再次，根据各种能源消费量、NO_x排放因子预测居民生活NO_x产生量；最后，根据控制目标和削减率（分不同情景方案预测），预测不同方案NO_x排放量①。

（3）烟（粉）尘排放量预测

烟尘根据能源（煤炭）消费量、燃煤的灰分含量以及烟尘排放系数，预测燃烧过程和居民生活中烟尘的产生量，再根据控制目标和削减率，预测不同方案烟尘排放量；粉尘根据各行业产污系数、行业增加值，预测工艺过程中粉尘产生量，再根据控制目标和削减率，预测不同方案粉尘排放量。

（4）CO_2排放量预测

根据各部门各种能源消费量以及联合国政府间气候变化专门委员会（IPCC）排放因子，预测得出CO_2产生量。目前我国基本没有CO_2处置措施，因此CO_2排放量等于CO_2产生量。

6.3.1 工业大气污染物预测

6.3.1.1 工业SO_2产生量和排放量

（1）工业燃烧过程SO_2产生量、排放量预测

$$\mathrm{SPQ}_{ij}{}^{t} = \mathrm{ECQ}_{ij}{}^{t} \times S^{yt}{}_{ij} / 100 \times \alpha_{ij} \times 2 \tag{6-1}$$

① 注：根据《2006年全国氮氧化物排放统计技术要求》，NO_x排放量统计范围包括工业、生活和公路三方面排放量，其中，公路NO_x排放量可采用两种方法进行估算：一是按照燃料总消费量和燃料性质估算；二是按照车辆行驶距离，根据机动车保有量和排放系数（g/km）来估算。

$$\text{SPQc}_i^{\,t} = \text{SPQ}_i^{\,t} \times \left(1 - \nu_{\text{S}i}^{\,t}\right) \tag{6-2}$$

式中，SPQ_i——i 部门 SO_2 产生量，万 t；

SPQc——SO_2 排放量，万 t；

ECQ_i——i 部门能源消费量，万 t；

j——能源种类，j=1，燃料煤，j=2，燃料油；

α——燃料中硫的转化率；

S^{y}——燃料煤或燃料油的含硫量，%；

ν_{S}——燃烧过程 SO_2 削减率。

（2）生产工艺过程 SO_2 产生量、排放量预测

$$\text{SWG}_i^{\,t} = \alpha\text{sp}_i^{\,t} \times X_i^{\,t} \div 1\,000 \tag{6-3}$$

$$\text{SWGc}_i^{\,t} = \text{SWG}_i^{\,t} \times \left(1 - \omega_{\text{S}i}^{\,t}\right) \tag{6-4}$$

式中，SWG_i——i 部门 SO_2 产生量，t；

SWGc——SO_2 排放量，t；

αsp_i——i 部门行业产污系数（SO_2），kg/万元；

X_i——i 部门行业增加值，亿元；

ω_{S}——生产工艺过程 SO_2 削减率。

6.3.1.2 工业 NO_x 产生量和排放量

$$\text{NPQ}_{ij}^{\,t} = \text{ECQ}_{ij}^{\,t} \times \lambda_{ij} \tag{6-5}$$

$$\text{NPQc}_i^{\,t} = \text{NPQ}_i^{\,t} \times \left(1 - \nu_{\text{N}i}^{\,t}\right) \tag{6-6}$$

式中，NPQ_i——i 部门 NO_x 产生量，万 t；

ECQ_i——i 部门能源消费量，万 t/亿 m^3；

NPQc——工业 NO_x 排放量，万 t；

j——能源种类，j=1，燃料煤，j=2，燃料油，j=3，天然气；

λ——NO_x 排放因子；

ν_{N}——燃烧过程 NO_x 削减率。

6.3.1.3 工业烟尘产生量和排放量

$$\mathrm{APQ}_i^t = \mathrm{ECQ}_i^t \times A^{yt} \div 100 \times \varpi_i \tag{6-7}$$

$$\mathrm{APQc}_i^t = \mathrm{APQ}_i^t \times \left(1 - v_{\mathrm{A}i}^{\ t}\right) \tag{6-8}$$

式中，APQ_i——i 部门烟尘产生量，万 t；

APQc——工业烟尘排放量，万 t；

ECQ_i——i 部门能源消费量（煤炭），万 t；

A^y——煤炭灰分含量，%；

ϖ——进入烟尘的系数（发电为 0.8，其他行业为 0.2）；

v_A——燃烧过程烟尘削减率。

6.3.1.4 工业粉尘产生量和排放量

生产工艺过程粉尘产生量预测模型如下：

$$\mathrm{PWG}_i^t = \alpha \mathrm{fp}_i^t \times X_i^t \div 1\,000 \tag{6-9}$$

$$\mathrm{PWGc}_i^t = \mathrm{PWG}_i^t \times \left(1 - \omega_{\mathrm{P}i}^{\ t}\right) \tag{6-10}$$

式中，PWG_i——i 部门粉尘产生量，t；

PWGc——工业粉尘排放量，t；

$\alpha\mathrm{fp}_i$——i 部门行业产污系数（粉尘），kg/万元；

X_i——i 部门行业增加值，亿元；

ω_P——生产工艺过程粉尘削减率。

6.3.2 第三产业及建筑业大气污染物预测

6.3.2.1 第三产业及建筑业 SO_2 产生量和排放量

$$\mathrm{TSPQ}_{ij}^t = \mathrm{TECQ}_{ij}^t \times S_{ij}^{\ y} / 100 \times \alpha_{ij} \times 2 \tag{6-11}$$

$$\mathrm{TSPQc}_i^t = \mathrm{TSPQ}_i^t \times \left(1 - v_{\mathrm{S}i}^{\ t}\right) \tag{6-12}$$

式中，TSPQ_i——i 部门 SO_2 产生量，万 t；

TSPQc——SO_2 排放量，万 t；

TECQ_i——i 部门能源消费量，万 t/亿 m^3；

j——能源种类，j=1，燃料煤，j=2，燃料油；

α——燃料中硫的转化率；

S^y——燃料煤或燃料油的含硫量，%；

ν_S——燃烧过程 SO_2 削减率。

6.3.2.2 第三产业及建筑业 NO_x 产生量和排放量

$$\mathrm{TNPQ}_{ij}{}^{t} = \mathrm{TECQ}_{ij}{}^{t} \times \lambda_{ij} \tag{6-13}$$

$$\mathrm{TNPQc}_{i}^{t} = \mathrm{TNPQ}_{i}^{t} \times \left(1 - \nu_{\mathrm{N}i}{}^{t}\right) \tag{6-14}$$

式中，TNPQ_i——i 部门 NO_x 产生量，万 t；

TECQ_i——i 部门能源消费量，万 t/亿 m^3；

TNPQc——工业 NO_x 排放量，万 t；

j——能源种类，j=1，燃料煤，j=2，燃料油，j=3，天然气；

λ——NO_x 排放因子；

ν_N——燃烧过程 NO_x 削减率。

6.3.2.3 第三产业及建筑业烟（粉）尘产生量和排放量

$$\mathrm{TAPQ}_{i}{}^{t} = \mathrm{TECQ}_{i}{}^{t} \times A^{yt} \div 100 \times \varpi_{i} \tag{6-15}$$

$$\mathrm{TAPQc}_{i}^{t} = \mathrm{TAPQ}_{i}^{t} \times \left(1 - \nu_{\mathrm{A}i}{}^{t}\right) \tag{6-16}$$

式中，TAPQ_i——i 部门烟（粉）尘产生量，万 t；

TAPQc——工业烟（粉）尘排放量，万 t；

TECQ_i——i 部门能源消费量，万 t；

A^y——煤炭灰分含量，%；

ϖ——进入烟（粉）尘的系数（发电为 0.8，其他行业为 0.2）；

ν_A——燃烧过程烟（粉）尘削减率。

6.3.3 生活大气污染物预测

6.3.3.1 城市生活用能污染物产生量

$$\mathrm{SLEG}^{t} = \mathrm{EUL}_{煤}{}^{t} \times S^{y} / 100 \times 0.8 \times 2 \tag{6-17}$$

$$\mathrm{ALEG}^{t} = \mathrm{EUL}_{煤}{}^{t} \times \beta \tag{6-18}$$

$$\mathrm{NLEG}^{t} = \sum_{j=1}^{3} \mathrm{EUL}_{j}{}^{t} \times \lambda_{j} \tag{6-19}$$

$$\mathrm{CLEG}^{t} = \sum_{j=1}^{3} \mathrm{EUL}_{j}{}^{t} \times C_{j}{}^{y} \times \left(1 - \varsigma_{j}\right) \times \omega \tag{6-20}$$

式中，j——能源种类，j=1，燃料煤，j=2，燃料油，j=3，天然气；

SLEG——SO_2 产生量，万 t；

$EUL_{煤}$——城市生活燃煤量，万 t；

S^y——燃煤的含硫量，%；

ALEG——烟尘产生量，万 t；

NLEG——NO_x 产生量，万 t；

CLEG——CO_2 产生量，万 t；

β——烟尘排放系数，1.5‰；

λ——NO_x 排放因子；

C^y——IPCC 排放因子，%；

ς_j——j 种能源燃料损失率，100%，其中，燃料煤为 3.2%，燃料油为 3.9%，天然气为 2.0%；

ω——碳氧化率，一般取 0.98。

6.3.3.2 农村生活用能污染物产生量

$$\mathrm{VSLEG}^t = \mathrm{VEUL}_{煤}{}^t \times S^y / 100 \times 0.8 \times 2 \tag{6-21}$$

$$\mathrm{VALEG}^t = \mathrm{VEUL}_{煤}{}^t \times \beta \tag{6-22}$$

$$\mathrm{VNLEG}^t = \sum_{j=1}^{3} \mathrm{VEUL}_j{}^t \times \lambda_j \tag{6-23}$$

$$\mathrm{VCLEG}^t = \mathrm{VEUL}_j{}^t \times C_j{}^y \times \left(1-\varsigma_j\right) \times \omega \tag{6-24}$$

式中，VSLEG——SO_2 产生量，万 t；

S^y——燃煤的含硫量，%；

$VEUL_{煤}$——农村生活燃煤量，万 t；

VALEG——烟尘产生量，万 t；

VNLEG——NO_x 产生量，万 t；

VCLEG——CO_2 产生量，万 t；

β——烟尘排放系数（型煤：1.5‰）；

λ——NO_x 排放因子；

C^y——IPCC 排放因子，%；

ς_j——j 种能源燃料损失率，100%，其中，燃料煤为 3.2%，燃料油为 3.9%，天然气为 2.0%；

ω——碳氧化率，一般取 0.98。

6.4 预测结果与分析

6.4.1 主要大气污染物排放预测

6.4.1.1 二氧化硫（SO_2）排放预测

2020 年、2025 年、2030 年、2035 年，全国分行业终端 SO_2 污染排放预测分别为 620 万 t、597 万 t、547 万 t、523 万 t。分行业终端 SO_2 污染排放预测中较为突出的行业包括电力、热力生产和供应业，生活排放，非金属矿物制品业，黑色金属冶炼和压延加工业，化学原料和化学制品制造业。2020 年、2025 年、2030 年、2035 年，电力、热力生产和供应业终端 SO_2 排放预测分别为 186.2 万 t、179.3 万 t、164.3 万 t、157.1 万 t。生活终端 SO_2 排放预测分别为 109.3 万 t、105.2 万 t、96.4 万 t、92.2 万 t；非金属矿物制品业终端 SO_2 排放预测分别为 75.0 万 t、72.3 万 t、66.2 万 t、63.3 万 t；黑色金属冶炼和压延加工业终端 SO_2 排放预测分别为 63.9 万 t、61.5 万 t、56.4 万 t、53.9 万 t；化学原料和化学制品制造业终端 SO_2 排放预测分别为 49.6 万 t、47.7 万 t、43.7 万 t、41.8 万 t（表 6-1）。

表 6-1　分行业终端 SO_2 大气污染排放　　单位：万 t

行业	2020 年	2025 年	2030 年	2035 年
煤炭开采和洗选业	3.9	3.7	3.4	3.3
石油和天然气开采业	1.1	1.0	0.9	0.9
黑色金属矿采选业	0.8	0.8	0.7	0.7
有色金属矿采选业	0.6	0.5	0.5	0.5
非金属矿采选业	1.4	1.3	1.2	1.2
开采辅助活动	0.1	0.1	0.1	0.1
其他采矿业	0.0	0.0	0.0	0.0
农副食品加工业	8.8	8.5	7.8	7.4
食品制造业	5.3	5.1	4.7	4.5
酒、饮料和精制茶制造业	4.3	4.2	3.8	3.7
烟草制品业	0.3	0.3	0.3	0.2
纺织业	8.4	8.0	7.4	7.1
纺织服装、服饰业	0.7	0.7	0.6	0.6
皮革、毛衣、羽毛及制品和制造业	1.0	0.9	0.8	0.8
木材加工和木、竹、藤、棕、草制品业	2.0	1.9	1.8	1.7
家具制造业	0.1	0.1	0.1	0.1
造纸及纸制品业	13.7	13.2	12.1	11.5
印刷和记录媒介复制业	0.3	0.2	0.2	0.2

行业	2020 年	2025 年	2030 年	2035 年
文教、工美、体育和娱乐用品制造业	0.1	0.1	0.1	0.1
石油加工、炼焦和核燃料加工业	24.0	23.2	21.2	20.3
化学原料和化学制品制造业	49.6	47.7	43.7	41.8
医药制造业	3.7	3.5	3.2	3.1
化学纤维制造业	2.8	2.7	2.5	2.4
橡胶和塑料制品业	3.2	3.1	2.8	2.7
非金属矿物制品业	75.0	72.3	66.2	63.3
黑色金属冶炼和压延加工业	63.9	61.5	56.4	53.9
有色金属冶炼和压延加工业	44.5	42.9	39.3	37.5
金属制品业	3.6	3.5	3.2	3.1
通用设备制造业	0.7	0.6	0.6	0.6
专用设备制造业	0.4	0.4	0.4	0.4
汽车制造业	0.4	0.4	0.4	0.4
铁路、船舶、航空航天和其他运输设备制造业	0.5	0.5	0.4	0.4
电气机械和器材制造业	0.5	0.5	0.4	0.4
计算机、通信和其他电子设备制造业	0.2	0.2	0.2	0.2
仪器仪表制造业	0.0	0.0	0.0	0.0
其他制造业	2.3	2.2	2.0	2.0
废弃资源综合利用业	0.3	0.2	0.2	0.2
金属制品、机械和设备修理业	0.0	0.0	0.0	0.0
电力、热力生产和供应业	186.2	179.3	164.3	157.1
燃气生产和供应业	0.6	0.6	0.5	0.5
其他行业	0.3	0.2	0.2	0.2
生活	109.3	105.2	96.4	92.2

6.4.1.2　氮氧化物（NO_x）排放预测

2020 年、2025 年、2030 年、2035 年，全国分行业终端 NO_x 污染排放预测分别为 1 300 万 t、1 279 万 t、1 255 万 t、995 万 t。分行业终端 NO_x 排放预测中较为突出的行业包括机动车排放，电力、热力生产和供应业，非金属矿物制品业，黑色金属冶炼和压延加工业，生活排放。在 4 个目标年份中机动车终端 NO_x 排放预测分别为 437.5 万 t、430.4 万 t、422.3 万 t、334.8 万 t；电力、热力生产和供应业终端 NO_x 排放预测分别为 372.1 万 t、366.1 万 t、359.2 万 t、284.8 万 t；非金属矿物制品业终端 NO_x 排放预测分别为 199.7 万 t、196.5 万 t、192.8 万 t、152.9 万 t；黑色金属冶炼和压延加工业 NO_x 排放预测分别为 78.0 万 t、76.7 万 t、75.3 万 t、59.7 万 t；生活终端 NO_x 排放预测分别为 48.7 万 t、47.9 万 t、47.0 万 t、37.3 万 t（表 6-2）。

表 6-2　分行业终端 NO_x 大气污染排放

单位：万 t

行业	2020 年	2025 年	2030 年	2035 年
煤炭开采和洗选业	3.4	3.4	3.3	2.6
石油和天然气开采业	2.1	2.1	2.0	1.6
黑色金属矿采选业	0.3	0.3	0.3	0.2
有色金属矿采选业	0.3	0.3	0.3	0.2
非金属矿采选业	1.0	1.0	1.0	0.8
开采辅助活动	0.3	0.3	0.3	0.2
其他采矿业	0.1	0.1	0.1	0.1
农副食品加工业	6.8	6.7	6.6	5.2
食品制造业	4.2	4.1	4.0	3.2
酒、饮料和精制茶制造业	3.4	3.3	3.2	2.6
烟草制品业	0.2	0.2	0.2	0.2
纺织业	5.2	5.1	5.0	3.9
纺织服装、服饰业	0.4	0.4	0.4	0.3
皮革、毛衣、羽毛及制品和制造业	0.6	0.6	0.6	0.5
木材加工和木、竹、藤、棕、草制品业	1.4	1.4	1.4	1.1
家具制造业	0.1	0.1	0.1	0.1
造纸及纸制品业	12.6	12.4	12.2	9.7
印刷和记录媒介复制业	0.1	0.1	0.1	0.1
文教、工美、体育和娱乐用品制造业	0.1	0.1	0.1	0.1
石油加工、炼焦和核燃料加工业	32.6	32.1	31.5	25.0
化学原料和化学制品制造业	48.0	47.2	46.3	36.7
医药制造业	2.8	2.7	2.7	2.1
化学纤维制造业	3.0	2.9	2.9	2.3
橡胶和塑料制品业	2.2	2.1	2.1	1.7
非金属矿物制品业	199.7	196.5	192.8	152.9
黑色金属冶炼和压延加工业	78.0	76.7	75.3	59.7
有色金属冶炼和压延加工业	24.5	24.1	23.6	18.7
金属制品业	2.7	2.6	2.6	2.1
通用设备制造业	0.7	0.7	0.6	0.5
专用设备制造业	0.7	0.7	0.6	0.5
汽车制造业	0.7	0.7	0.6	0.5
铁路、船舶、航空航天和其他运输设备制造业	0.6	0.6	0.6	0.5
电气机械和器材制造业	0.4	0.4	0.4	0.3
计算机、通信和其他电子设备制造业	0.4	0.4	0.4	0.3
仪器仪表制造业	0.1	0.1	0.1	0.1
其他制造业	0.8	0.8	0.8	0.6
废弃资源综合利用业	0.2	0.2	0.2	0.2
金属制品、机械和设备修理业	0.1	0.1	0.1	0.1

行业	2020 年	2025 年	2030 年	2035 年
电力、热力生产和供应业	372.1	366.1	359.2	284.8
燃气生产和供应业	0.8	0.8	0.8	0.6
其他行业	0.2	0.2	0.2	0.2
生活	48.7	47.9	47.0	37.3
机动车	437.5	430.4	422.3	334.8

6.4.1.3　烟（粉）尘排放预测

2020 年、2025 年、2030 年、2035 年，全国分行业终端烟（粉）尘排放预测分别为 1 510 万 t、1 250 万 t、1 173 万 t、972 万 t。分行业终端烟（粉）尘排放预测中较为突出的行业包括黑色金属冶炼和压延加工业，非金属矿物制品业，生活，电力、热力生产和供应业，化学原料和化学制品制造业。黑色金属冶炼和压延加工业终端烟（粉）尘排放预测分别为 381.5 万 t、315.8 万 t、296.3 万 t、245.6 万 t；非金属矿物制品业终端烟（粉）尘排放预测分别为 256.6 万 t、212.4 万 t、199.4 万 t、165.2 万 t；生活终端烟（粉）尘排放预测分别为 266.7 万 t、220.8 万 t、207.2 万 t、171.7 万 t；电力、热力生产和供应业终端烟（粉）尘排放预测分别为 243.2 万 t、201.3 万 t、188.9 万 t、156.5 万 t；化学原料和化学制品制造业终端烟（粉）尘排放预测分别为 70.1 万 t、58.0 万 t、54.4 万 t、45.1 万 t（表 6-3）。

表 6-3　分行业终端烟（粉）尘大气污染排放　　单位：万 t

行业	2020 年	2025 年	2030 年	2035 年
煤炭开采和洗选业	25.1	20.8	19.5	16.2
石油和天然气开采业	1.0	0.8	0.7	0.6
黑色金属矿采选业	7.5	6.2	5.8	4.8
有色金属矿采选业	2.6	2.1	2.0	1.6
非金属矿采选业	6.9	5.7	5.4	4.5
开采辅助活动	0.2	0.2	0.2	0.1
其他采矿业	0.1	0.1	0.1	0.1
农副食品加工业	17.1	14.1	13.3	11.0
食品制造业	7.6	6.3	5.9	4.9
酒、饮料和精制茶制造业	7.8	6.5	6.1	5.0
烟草制品业	0.6	0.5	0.5	0.4
纺织业	8.7	7.2	6.7	5.6
纺织服装、服饰业	1.2	1.0	0.9	0.8
皮革、毛衣、羽毛及制品和制造业	1.4	1.1	1.1	0.9
木材加工和木、竹、藤、棕、草制品业	14.0	11.6	10.9	9.0
家具制造业	0.4	0.4	0.3	0.3
造纸及纸制品业	14.7	12.2	11.4	9.5

行业	2020 年	2025 年	2030 年	2035 年
印刷和记录媒介复制业	0.4	0.4	0.3	0.3
文教、工美、体育和娱乐用品制造业	0.2	0.2	0.2	0.1
石油加工、炼焦和核燃料加工业	35.5	29.4	27.5	22.8
化学原料和化学制品制造业	70.1	58.0	54.4	45.1
医药制造业	4.6	3.8	3.6	3.0
化学纤维制造业	2.8	2.3	2.2	1.8
橡胶和塑料制品业	4.2	3.4	3.2	2.7
非金属矿物制品业	256.6	212.4	199.4	165.2
黑色金属冶炼和压延加工业	381.5	315.8	296.3	245.6
有色金属冶炼和压延加工业	41.8	34.6	32.4	26.9
金属制品业	9.4	7.8	7.3	6.0
通用设备制造业	2.5	2.0	1.9	1.6
专用设备制造业	1.5	1.2	1.2	1.0
汽车制造业	1.7	1.4	1.3	1.1
铁路、船舶、航空航天和其他运输设备制造业	1.8	1.5	1.4	1.2
电气机械和器材制造业	0.9	0.7	0.7	0.5
计算机、通信和其他电子设备制造业	0.6	0.5	0.5	0.4
仪器仪表制造业	0.2	0.2	0.2	0.1
其他制造业	5.4	4.5	4.2	3.5
废弃资源综合利用业	0.7	0.6	0.6	0.5
金属制品、机械和设备修理业	0.2	0.2	0.2	0.1
电力、热力生产和供应业	243.2	201.3	188.9	156.5
燃气生产和供应业	0.6	0.5	0.5	0.4
其他行业	0.7	0.6	0.6	0.5
生活	266.7	220.8	207.2	171.7
机动车	59.3	49.1	46.1	38.2

6.4.1.4 重点地区主要大气污染物排放预测

从区域层面来看，我国有三个经济最具活力、开放程度最高、创新能力最强、吸纳外来人口最多的区域：京津冀城市群区域（以下简称京津冀地区）、长江三角洲城市群区域（以下简称长三角地区）和珠江三角洲城市群区域（以下简称珠三角地区）。随着城市化的快速推进和工业化的飞速发展，我国大气环境面临的问题也日益严峻。

（1）京津冀地区

京津冀地区是我国的政治、文化中心，是中国北方经济的重要核心区，也是我国大气环境污染最为严重的区域。预测表明，京津冀地区 2020 年 SO_2、NO_x、烟（粉）尘的排放量分别为 71 万 t、168 万 t、110 万 t；2030 年 SO_2、NO_x、烟（粉）尘的排放量分别为 60 万 t、139 万 t、89 万 t；2035 年 SO_2、NO_x、烟（粉）尘的排放量分别为 54 万 t、128 万 t、71 万 t。总体趋势来看，京津冀地区

SO_2、NO_x、烟（粉）尘等主要大气污染物排放量呈逐年显著下降的趋势（图6-7）。

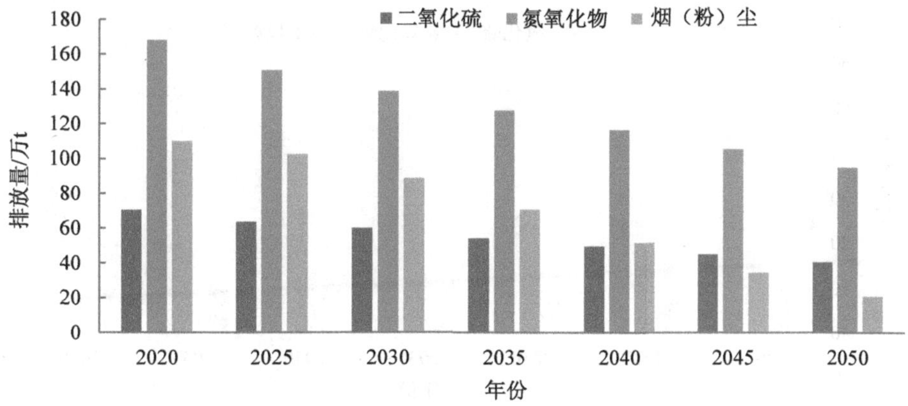

图6-7　京津冀地区主要大气污染物排放量预测

（2）长三角地区

长三角地区经济发达、人口密集，具有良好的发展前景，但是该地区严峻的环境污染现状已成为制约其经济社会可持续发展的障碍。预测表明，长三角地区2020年SO_2、NO_x、烟（粉）尘的排放量分别为68万t、182万t、155万t；2030年SO_2、NO_x、烟（粉）尘的排放量分别为60万t、162万t、136万t；2035年SO_2、NO_x、烟（粉）尘的排放量分别为57万t、152万t、126万t（图6-8）。

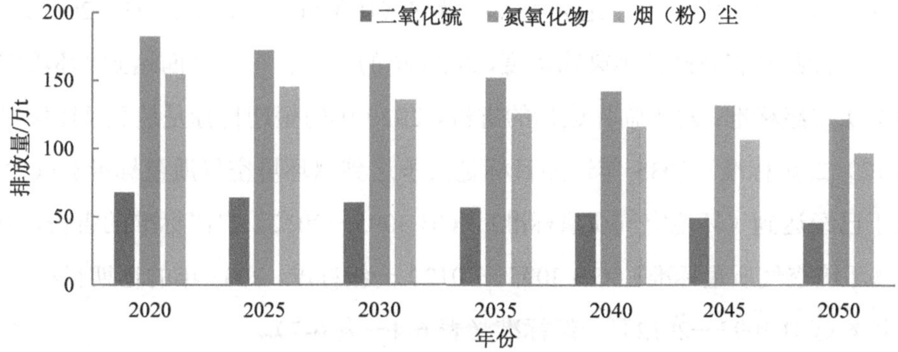

图6-8　长三角地区主要大气污染物排放量预测

（3）珠三角地区

珠三角地区是我国发展速度最快的经济区之一，总体环境空气质量优良，但是在人为排放不断增加以及特殊的气象条件下，广州和深圳等大城市经常出现污染物浓度超标的情况。预测表明，珠三角地区2020年SO_2、NO_x、烟（粉）尘的排放量分别为20万t、21万t、60万t；2030年SO_2、NO_x、烟（粉）尘的排放量分别为15万t、16万t、53万t；2035年SO_2、NO_x、烟（粉）尘的排放量分别为 14 万 t、15 万 t、49 万 t（图 6-9）。

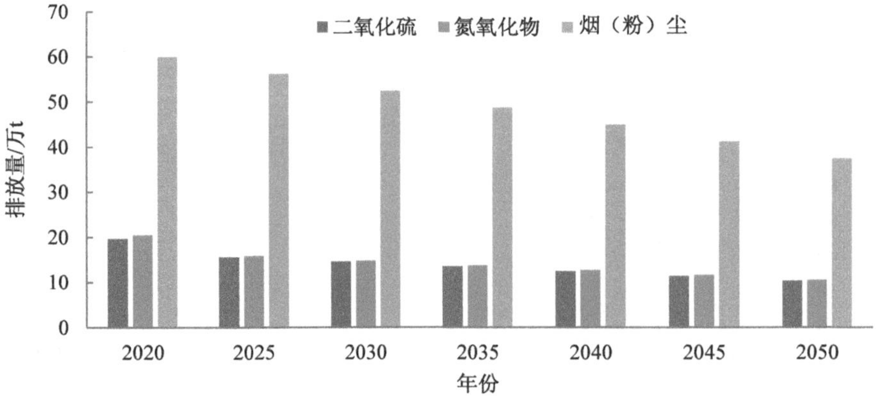

图 6-9　珠三角地区主要大气污染物排放量预测

6.4.2　主要大气污染物空气质量目标预测

不同省级行政区域排放量水平不同，环境质量的目标也差异较大，根据全国各省级行政区“十三五生态环境规划”“蓝天保卫战三年行动计划”，预测未来各省份各项污染物空气质量目标，对已经达标的污染物如 SO_2 和 NO_2，目标是保持现有水平，并持续改善，争取达到一级标准。对于 $PM_{2.5}$ 和 PM_{10}，大多数省份都不达标，对于远高于《环境空气质量标准》（GB 3095—2012）二级标准的省份，2020 年近期目标则是有效降低污染物浓度，2035 年的远期目标是全面达到《环境空气质量标准》（GB 3095—2012）二级标准；对于临界达标的省份，2020 年的短期目标是达到《环境空气质量标准》（GB 3095—2012）二级标准，2035 年远期目标是力争达到《环境空气质量标准》（GB 3095—2012）一级标准；对于已经达到《环境空气质量标准》（GB 3095—2012）二级标准的省份，2020 年短期目标是力争达到《环境空气质量标准》（GB 3095—2012）一级标准，2035 年的远期目标是稳定达到《环境空气质量标准》（GB 3095—2012）一级标准（表 6-4～表 6-7）。

表 6-4　预测年省级行政区细颗粒物（$PM_{2.5}$）环境空气质量目标预测　　单位：$\mu g/m^3$

省份	2020 年	2025 年	2030 年	2035 年	2040 年	2045 年	2050 年
北京	50	48	40	35	30	25	15
天津	52	50	45	35	32	28	23
河北	55	47	40	35	32	30	25
山西	48	40	35	30	27	持续改善	持续改善
内蒙古	35	30	25	20	15	保持一级标准	保持一级标准
辽宁	42	40	38	35	32	30	25

省份	2020年	2025年	2030年	2035年	2040年	2045年	2050年
吉林	50	45	40	35	30	28	25
黑龙江	35	30	25	20	15	12	10
上海	37	32	27	22	17	12	10
江苏	50	45	40	35	30	25	20
浙江	40	35	30	25	20	15	15
安徽	45	40	35	30	25	20	15
福建	保持一级标准	保持一级标准	保持一级标准	保持一级标准	保持一级标准	保持一级标准	保持一级标准
江西	40	35	30	25	20	15	15
山东	49	42	37	32	27	22	20
河南	58	50	42	35	30	25	25
湖北	52	47	40	35	30	25	20
湖南	40	35	30	25	20	20	15
广东	33	持续改善	持续改善	持续改善	力争达到一级标准	保持一级标准	保持一级标准
广西	35	30	25	20	持续改善	持续改善	持续改善
海南	保持二级标准	保持二级标准	保持二级标准	力争达到一级标准	保持一级标准	保持一级标准	保持一级标准
重庆	40	35	30	持续改善	持续改善	持续改善	持续改善
四川	不能高于39	35	持续改善	持续改善	持续改善	持续改善	持续改善
贵州	持续改善	持续改善	持续改善	力争达到一级标准	达到一级标准	保持一级标准	保持一级标准
云南	持续改善	持续改善	持续改善	力争达到一级标准	达到一级标准	保持一级标准	保持一级标准
西藏	23	20	15	达到一级标准	保持一级标准	保持一级标准	保持一级标准
陕西	50	45	40	35	持续改善	持续改善	持续改善
甘肃	38	35	持续改善	持续改善	持续改善	持续改善	持续改善
青海	41	35	30	25	持续改善	持续改善	持续改善
宁夏	42	38	35	30	持续改善	持续改善	持续改善
新疆	47	40	35	30	持续改善	持续改善	持续改善

表6-5 预测年省级行政区可吸入颗粒物（PM_{10}）环境空气质量目标预测 单位：μg/m³

省份	2020年	2025年	2030年	2035年	2040年	2045年	2050年
北京	75	70	65	60	55	50	40
天津	78	73	68	63	58	53	50
河北	105	90	80	70	保持70以下	保持70以下	保持70以下
山西	100	88	78	70	65	60	55
内蒙古	66	55	45	35	30	25	20
辽宁	70	65	60	55	52	50	48
吉林	72	66	60	55	50	45	40
黑龙江	58	50	45	40	35	30	25
上海	58	50	45	40	35	30	25

省份	2020 年	2025 年	2030 年	2035 年	2040 年	2045 年	2050 年
江苏	85	78	70	65	60	55	50
浙江	持续改善	持续改善	持续改善	持续改善	持续改善	持续改善	持续改善
安徽	70	65	60	55	50	45	40
福建	保持一级标准	保持一级标准	保持一级标准	保持一级标准	保持一级标准	保持一级标准	保持一级标准
江西	60	55	50	45	40	35	30
山东	80	75	70	65	60	55	50
河南	95	88	80	70	65	60	55
湖北	79	75	70	65	60	55	50
湖南	70	65	60	55	50	45	40
广东	持续改善	持续改善	持续改善	力争达到一级标准	保持一级标准	保持一级标准	保持一级标准
广西	50	持续改善	持续改善	持续改善	持续改善	持续改善	持续改善
海南	保持一级标准	保持一级标准	保持一级标准	保持一级标准	保持一级标准	保持一级标准	保持一级标准
重庆	70	65	60	持续改善	持续改善	持续改善	持续改善
四川	68	63	58	53	持续改善	持续改善	持续改善
贵州	持续改善	力争达到一级标准	达到一级标准	保持一级标准	保持一级标准	保持一级标准	保持一级标准
云南	40	持续改善	持续改善	持续改善	持续改善	持续改善	持续改善
西藏	65	60	55	50	持续改善	持续改善	持续改善
陕西	87	82	75	70	持续改善	持续改善	持续改善
甘肃	81	75	70	65	60	持续改善	持续改善
青海	78	73	68	63	持续改善	持续改善	持续改善
宁夏	94	85	78	70	持续改善	持续改善	持续改善
新疆	103	93	80	70	持续改善	持续改善	持续改善

表 6-6 预测年省级行政区 SO_2 环境空气质量目标预测 单位：$\mu g/m^3$

省份	2020 年	2025 年	2030 年	2035 年	2040 年	2045 年	2050 年
北京	维持个位数	维持个位数	维持个位数	维持个位数	维持个位数	维持个位数	维持个位数
天津	不大于 10	降低至个位数	保持个位数	保持个位数	保持个位数	保持个位数	保持个位数
河北	22	17	12	实现个位数	保持个位数	保持个位数	保持个位数
山西	50	45	40	35	30	25	20
内蒙古	21	19	15	10	保持个位数	保持个位数	保持个位数
辽宁	60	55	50	45	40	35	30
吉林	22	20	15	10	保持个位数	保持个位数	保持个位数
黑龙江	18	15	10	保持个位数	保持个位数	保持个位数	保持个位数
上海	15	10	保持个位数	保持个位数	保持个位数	保持个位数	保持个位数
江苏	20	18	16	14	12	10	10
浙江	完成国家下达目标	完成国家下达目标	完成国家下达目标	完成国家下达目标	完成国家下达目标	完成国家下达目标	完成国家下达目标
安徽	20	18	16	14	12	10	10
福建	保持一级标准	保持一级标准	保持一级标准	保持一级标准	保持一级标准	保持一级标准	保持一级标准

省份	2020 年	2025 年	2030 年	2035 年	2040 年	2045 年	2050 年
江西	24	20	15	10	保持个位数	保持个位数	保持个位数
山东	持续改善	持续改善	持续改善	持续改善	持续改善	持续改善	持续改善
河南	持续改善	持续改善	持续改善	力争达到一级标准	持续改善	持续改善	持续改善
湖北	18	保持一级标准	保持一级标准	保持一级标准	保持一级标准	保持一级标准	保持一级标准
湖南	持续改善	持续改善	持续改善	持续改善	保持一级标准	保持一级标准	保持一级标准
广东	保持一级标准	保持一级标准	保持一级标准	保持一级标准	保持一级标准	保持一级标准	保持一级标准
广西	保持一级标准	保持一级标准	保持一级标准	保持一级标准	保持一级标准	保持一级标准	保持一级标准
海南	保持一级标准	保持一级标准	保持一级标准	保持一级标准	保持一级标准	保持一级标准	保持一级标准
重庆	保持一级标准	保持一级标准	保持一级标准	保持一级标准	保持一级标准	保持一级标准	保持一级标准
四川	保持一级标准	保持一级标准	保持一级标准	保持一级标准	保持一级标准	保持一级标准	保持一级标准
贵州	保持一级标准	保持一级标准	保持一级标准	保持一级标准	保持一级标准	保持一级标准	保持一级标准
云南	保持一级标准	保持一级标准	保持一级标准	保持一级标准	保持一级标准	保持一级标准	保持一级标准
西藏	保持一级标准	保持一级标准	保持一级标准	保持一级标准	保持一级标准	保持一级标准	保持一级标准
陕西	22	达到一级标准	保持一级标准	保持一级标准	保持一级标准	保持一级标准	保持一级标准
甘肃	25	22	18	达到一级标准	持续改善	持续改善	持续改善
青海	保持一级标准	保持一级标准	保持一级标准	保持一级标准	保持一级标准	保持一级标准	保持一级标准
宁夏	34	30	25	20	持续改善	持续改善	持续改善
新疆	达到一级标准	保持一级标准	保持一级标准	保持一级标准	保持一级标准	保持一级标准	保持一级标准

表 6-7　预测年省级行政区 NO_2 环境空气质量目标预测　　单位：μg/m³

省份	2020 年	2025 年	2030 年	2035 年	2040 年	2045 年	2050 年
北京	40	38	36	33	30	30	30
天津	40	保持 40 以下	保持 40 以下	保持 40 以下	保持 40 以下	保持 40 以下	保持 40 以下
河北	40	保持 40 以下	保持 40 以下	保持 40 以下	保持 40 以下	保持 40 以下	保持 40 以下
山西	40	保持 40 以下	保持 40 以下	保持 40 以下	保持 40 以下	保持 40 以下	保持 40 以下
内蒙古	22	20	18	16	14	12	10
辽宁	40	35	30	25	22	20	18
吉林	25	23	达到一级标准	保持一级标准	保持一级标准	保持一级标准	保持一级标准
黑龙江	20	18	16	14	12	10	10
上海	40	35	30	25	20	保持 20 以下	保持 20 以下
江苏	35	27	22	17	12	12	12
浙江	完成国家下达目标	完成国家下达目标	完成国家下达目标	完成国家下达目标	完成国家下达目标	完成国家下达目标	完成国家下达目标
安徽	29	27	25	完成国家下达目标	完成国家下达目标	完成国家下达目标	完成国家下达目标
福建	保持一级标准	保持一级标准	保持一级标准	保持一级标准	保持一级标准	保持一级标准	保持一级标准
江西	22	20	18	16	14	12	10
山东	控制在二级标准以内	控制在二级标准以内	控制在二级标准以内	控制在二级标准以内	控制在二级标准以内	控制在二级标准以内	控制在二级标准以内
河南	达到二级标准	持续改善	持续改善	力争达到一级标准	持续改善	持续改善	持续改善

省份	2020 年	2025 年	2030 年	2035 年	2040 年	2045 年	2050 年
湖北	28	保持一级标准	保持一级标准	保持一级标准	保持一级标准	保持一级标准	保持一级标准
湖南	保持一级标准	保持一级标准	保持一级标准	保持一级标准	保持一级标准	保持一级标准	保持一级标准
广东	保持一级标准	保持一级标准	保持一级标准	保持一级标准	保持一级标准	保持一级标准	保持一级标准
广西	保持一级标准	保持一级标准	保持一级标准	保持一级标准	保持一级标准	保持一级标准	保持一级标准
海南	保持一级标准	保持一级标准	保持一级标准	保持一级标准	保持一级标准	保持一级标准	保持一级标准
重庆	40	35	30	持续改善	持续改善	持续改善	持续改善
四川	保持一级标准	保持一级标准	保持一级标准	保持一级标准	保持一级标准	保持一级标准	保持一级标准
贵州	保持一级标准	保持一级标准	保持一级标准	保持一级标准	保持一级标准	保持一级标准	保持一级标准
云南	保持一级标准	保持一级标准	保持一级标准	保持一级标准	保持一级标准	保持一级标准	保持一级标准
西藏	保持一级标准	保持一级标准	保持一级标准	保持一级标准	保持一级标准	保持一级标准	保持一级标准
陕西	持续改善	持续改善	持续改善	持续改善	持续改善	持续改善	持续改善
甘肃	保持一级标准	保持一级标准	保持一级标准	保持一级标准	保持一级标准	保持一级标准	保持一级标准
青海	保持一级标准	保持一级标准	保持一级标准	保持一级标准	保持一级标准	保持一级标准	保持一级标准
宁夏	23	20	17	15	持续改善	持续改善	持续改善
新疆	保持一级标准	保持一级标准	保持一级标准	保持一级标准	保持一级标准	保持一级标准	保持一级标准

6.4.3 二氧化碳排放预测

2030—2050 年是我国能源转型升级的成熟期和稳定期，能源消费逐渐达峰。预计 2025 年能源消费总量为 51 亿 t 标准煤，在 2040 年前后进入峰值平台期，2035 年和 2050 年全国年能源消费总量预计为 56 亿 t 标准煤和 58 亿 t 标准煤。我国预计 2025 年煤炭消费总量将维持在 37.7 亿 t 水平；2025—2035 年，越来越多的经济活动对煤炭的刚性依赖下降，散煤被深度替代，2035 年煤炭消费总量降至 33.9 亿 t；2035 年后，非化石能源加速替代发电用煤，煤炭需求总量大幅降低，预计 2050 年降至 26 亿 t。我国石油需求总量的峰值将在 2030 年前后出现，峰值水平在 7.1 亿 t，预计 2035 年我国石油需求量为 6.9 亿 t；2035—2050 年石油需求将呈现进一步下滑态势，2050 年需求量为 6 亿 t。预计 2025 年全国天然气消费量约为 4 920 亿 m^3，预计 2035 年全国天然气消费量达到 5 700 亿 m^3，2040 年将进入峰值期，并一直维持到 2050 年前后，2050 年全国天然气消费量将达到约 6 000 亿 m^3（表 6-8）。

表 6-8 能源消费量预测

能源消费	2020 年	2025 年	2030 年	2035 年	2050 年
能源消费总量/亿 t 标准煤	48	51	54	56	58
煤炭消费量/亿 t 标准煤	39.4	37.7	36.0	33.9	26.0
石油消费量/亿 t	6.23	6.34	—	7.10	7.15
天然气消费量/亿 m^3	3 300	4 920	—	5 700	6 000

注：“—”表示此处无数据。

2030—2050 年随着我国能源转型升级成熟和稳定、能源消费逐渐达峰，CO_2 减排目标的落实，CO_2 排放量也逐渐下降，预计 2025 年 CO_2 排放量为 107.1 亿 t，2035 年和 2050 年全国 CO_2 排放量分别约为 78.4 亿 t 和 74.4 亿 t。其中，预计我国煤炭 2025 年 CO_2 排放量将维持在 71.0 亿 t 水平；2025—2035 年，越来越多的经济活动对煤炭的刚性依赖下降，散煤被深度替代，2035 年煤炭 CO_2 排放量降至约 42.6 亿 t；2035 年后，非化石能源加速替代发电用煤，煤炭需求总量大幅降低，预计 2050 年降至 29.9 亿 t。预计 2035 年我国石油 CO_2 排放量为 11.1 亿 t，2035—2050 年石油需求将呈现进一步下滑态势，2050 年 CO_2 排放量为 10.2 亿 t。预计 2025 年全国天然气 CO_2 排放量约为 14.8 亿 t，2035 年达到 8.2 亿 t，2040 年、2050 年进一步下降，2050 年全国天然气 CO_2 排放量将达到 7.9 亿 t（表 6-9）。

表 6-9　二氧化碳排放预测　　单位：亿 t

二氧化碳排放量	2020 年	2025 年	2030 年	2035 年	2050 年
能源总消费	112.0	107.1	81.9	78.4	74.4
煤炭消费	82.4	71.0	49.0	42.6	29.9
石油消费	16.2	14.8	—	11.1	10.2
天然气消费	7.9	10.6	—	8.2	7.9

注：“—”表示此处无数据。

6.5　主要结论与形势研判

6.5.1　大气污染排放总量形势研判

我国主要大气污染物与温室气体排放呈下降趋势。2020 年、2025 年、2030 年、2035 年，全国分行业终端 SO_2 排放预测分别为 620 万 t、597 万 t、547 万 t、523 万 t；全国分行业终端 NO_x 排放预测分别为 1 300 万 t、1 279 万 t、1 255 万 t、995 万 t；全国分行业终端烟（粉）尘排放预测分别为 1 510 万 t、1 250 万 t、1 173 万 t、972 万 t。总体来说，我国重污染行业分行业终端主要大气污染物排放下降趋势较明显，SO_2 排放已经呈现明显的下降趋势，将在 2030 年前后下降到 550 万 t 以内；NO_x 排放增长有一定放缓趋势，并在短期内仍然将维持在 1 000 万 t 以上的水平，其主要原因是机动车保有量的持续增加，随着新能源车的推广和技术进步，2035 年前后有望下降到 1 000 万 t 以内；烟（粉）尘排放变化趋势与 NO_x 相似，机动车和扬尘是烟（粉）尘排放的重要来源，随着新能源车推广和城市总体环境水平的提升，2035 年前后有望下降到 1 000 万 t 以内。

6.5.2 大气环境质量趋势研判

近年大气环境质量总体呈好转趋势。从 2013 年 1 月 1 日起，我国开始执行新的空气质量标准，并对全国范围内 74 个重点城市空气质量进行排名；2013 年 9 月，“大气十条”正式发布实施，新标准和“大气十条”的发布实施标志着党中央坚决向污染宣战的决心，我国大气环境污染防治工作进入新的阶段。经过 5 年努力，2017 年全国空气质量总体改善，全国 PM_{10} 浓度比 2013 年同期下降 21.5%，$PM_{2.5}$ 浓度下降至 43 μg/m^3，重污染天气大幅减少；区域层面，京津冀、长三角、珠三角等地区空气质量明显好转，京津冀地区、长三角地区、珠三角地区 $PM_{2.5}$ 浓度分别下降 38.2%、31.7%、25.6%；城市层面，北京 $PM_{2.5}$ 浓度大幅下降至 58 μg/m^3，降幅达到 35.6%，顺利完成“大气十条”目标指标，空气质量明显好转。

从全国层面来看，预计 2030—2035 年前后空气质量实现根本好转。我国生态环境治理面临南北地域差异、东西经济发展差异等诸多困难，总体来说，情况多、难度大、阻力多。发达国家的空气质量从大规模治理到环境质量根本改善经历了至少 30 年，我国若发挥好体制优势、技术优势、后发优势，治理进程将明显压缩。大气环境质量将分区域、分阶段实现达标，到 2035 年全国平均值有望基本达到世界卫生组织第二过渡阶段目标，珠三角、海峡西岸等地区有望达到世界卫生组织第三阶段标准。

从要素层面看，预计 2035—2040 年重要大气污染指标将迎来拐点。我国 SO_2、NO_2、$PM_{2.5}$ 等常规大气环境质量监测指标正在逐步改善，大部分城市 SO_2、NO_2 年均浓度已经达标。但由于长期以来缺乏有效的控制措施，VOCs 污染未见明显改善，O_3 污染仍在加剧。O_3 已成为继 $PM_{2.5}$ 后困扰城市空气质量的重要二次污染物。2013—2017 年全国 74 个重点城市 O_3 污染加剧。O_3 的生成与 NO_x 和 VOCs 等其他大气污染物相关性较大，原因复杂，防治难度大。预测结果表明，我国基于常规监测指标的大气环境质量拐点将出现在 2020—2025 年，但要想实现让公众满意的大气环境质量要到 2030—2035 年，若考虑 VOCs、O_3 以及气候变化等新因素，较好的大气环境质量拐点则要延迟到 2040 年前后。

第 7 章　固体废物污染形势预测

当前，我国经济已由高速增长阶段转向高质量发展阶段，工业化和城镇化深入推进，以生活垃圾、工业固体废物、危险废物等为主的固体废物产生量不断增长，给生态环境带来的压力日益凸显，造成“垃圾围城”、土壤污染和地下水污染等严重生态环境问题。2018 年年底，国务院办公厅发布了《“无废城市”建设试点工作方案》，通过试点工作，大力推进源头减量、资源化利用和无害化处置，探索建立量化指标体系，形成可复制、可推广的建设模式。因此，本章基于未来经济社会发展趋势，科学预测我国 2020—2035 年城镇生活垃圾、一般工业固体废物、危险废物的产生量、利用量以及堆放量等，为全国“无废”城市建设提供参考。

7.1　现状分析

随着工业转型升级初见成效，工业发展逐步建立在集约高效、环境友好的基础上，一般工业固体废物产生量自 2012 年达到 32.90 亿 t 后逐渐减少到 2016 年的 30.92 亿 t，基本呈现平稳下降趋势。但我国一般工业固体废物年产量依然较大，存在的环境污染和安全隐患仍然较高。另外，我国危险废物产生量仍然持续增长，截至 2016 年已达到 5 347.30 万 t，约是 2011 年的 1.6 倍。危险废物产量上升对周边地区人民财产和生命安全造成严重威胁。另外，从城镇生活垃圾来看，随着城镇化水平的不断提高以及城镇居民生活消费的增长，城镇生活垃圾清运量从 2011 年的 1.64 亿 t 持续增长到了 2016 年的 2.04 亿 t，增长了 24%，对各城市垃圾处理能力提出了更高的要求（表 7-1）。

表 7-1　2011—2016 年我国三类主要固体废物产生量

年份	城镇生活垃圾清运量/亿 t	一般工业固体废物产生量/亿 t	危险废物产生量/万 t
2011	1.64	32.28	3 431.22
2012	1.71	32.90	3 465.24
2013	1.72	32.77	3 156.89

年份	城镇生活垃圾清运量/亿 t	一般工业固体废物产生量/亿 t	危险废物产生量/万 t
2014	1.79	32.56	3 633.52
2015	1.91	32.71	3 976.11
2016	2.04	30.92	5 347.30

7.1.1 城镇生活垃圾

城镇生活垃圾是我国当前面临的主要环境问题之一。2016 年我国城镇生活垃圾清运量达到了 2.04 亿 t，较 2011 年增加了 0.40 亿 t（图 7-1），虽增速趋缓，但总量巨大。据统计，全国有 200 多座城市陷入垃圾的包围之中。由于我国城市数量和人口数量不断增加，城市垃圾的产生量也呈逐年增加的趋势。从生活垃圾无害化处理情况来看，2016 年无害化处理率达到了 96.6%，较 2011 年的 79.8%提高了约 17 个百分点。但我国城市垃圾处理的最主要方式是填埋，截至 2016 年，填埋处理量约占全部处理量的 60%以上。堆放在城市郊区的垃圾，侵占了大量农田，并且对城市周边的空气和地下水造成了严重污染。

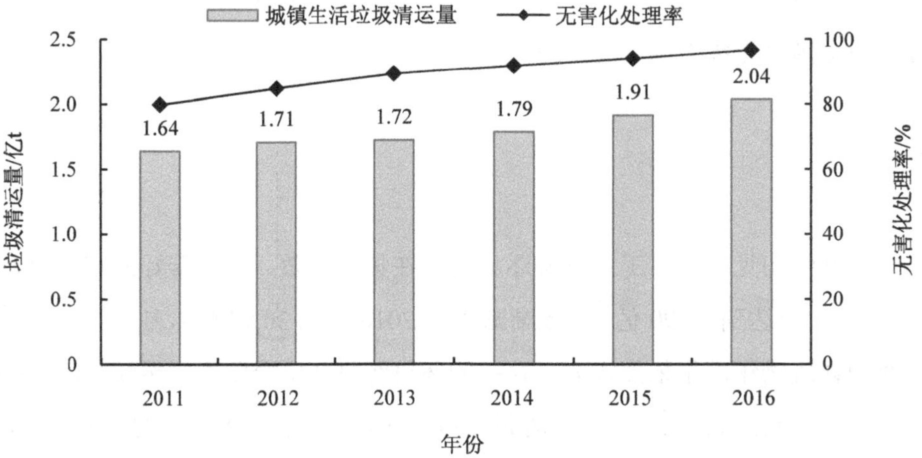

图 7-1　2011—2016 年我国城镇生活垃圾清运量及处理率

7.1.2 一般工业固体废物

2011—2016 年是我国工业转型的初步阶段，随着我国工业转型升级进程的推进，工业固体废物年产生量的增长速度得到明显减缓，甚至出现下降趋势。截至 2016 年，我国一般工业固体废物产生总量为 30.92 亿 t（表 7-2），较 2011 年的 32.28 亿 t 减少了 1.36 亿 t。然而，一般工业固体废物的综合利用水平并未显著提高，2011—2016 年综合利用率为 60%～63%，与发达国家相比仍处于较低水平。但一般工业固体废物的排放量逐年减少，2016 年仅为 32.2 万 t，不到 2011 年（433.3 万 t）的 1/10，这表明了中国对一般工业固体废物的严格管理起到了一定成效。

表 7-2 2011—2016 年我国一般工业固废产生量及不同处置量 单位：万 t

类型	2011 年	2012 年	2013 年	2014 年	2015 年	2016 年
产生量	322 772.3	329 044.3	327 701.9	325 620.0	327 079.0	309 210.0
综合利用量	195 214.6	202 461.9	205 916.3	204 330.3	198 807.0	184 096.0
处置量	70 465.3	70 744.8	82 969.5	80 387.5	73 034.0	65 522.0
贮存量	60 376.7	59 786.3	42 634.2	45 033.2	58 365.0	62 599.0
排放量	433.3	144.2	129.3	59.4	56.0	32.2

7.1.3 危险废物

2011—2016 年，我国危险废物的产生数量在逐年大幅增加，2016 年危险废物产生量为 5 347.30 万 t（表 7-3），5 年间增长了 1 916.08 万 t。从综合利用角度看，危险废物综合利用率并未得到显著提高，2011—2016 年危险废物综合利用率基本为 51.6%～57.8%，与发达国家相比仍有较大差距，表明我国危险废物的综合利用水平仍需要不断提高。

表 7-3 2011—2016 年我国危险废物产生量及不同处置量 单位：万 t

类型	2011 年	2012 年	2013 年	2014 年	2015 年	2016 年
产生量	3 431.22	3 465.24	3 156.89	3 633.52	3 976.11	5 347.30
综合利用量	1 773.05	2 004.64	1 700.09	2 061.80	2 049.72	2 823.71
处置量	916.48	698.21	701.20	929.02	1 173.98	1 605.80
贮存量	823.54	846.91	810.88	690.62	810.3	1 158.26

7.2 基本思路与技术路线

固体废物预测包括产生量预测、处理量（综合利用量和处理处置量）预测、堆放量（排放量）预测。固体废物预测的种类包括城镇生活垃圾、一般工业固体废物（煤矸石、粉煤灰、炉渣、废渣、尾矿）和危险废物。

（1）城镇生活垃圾预测思路

首先，根据城镇人口数量和城镇居民人均生活垃圾产生量的预测，计算得到城镇生活垃圾产生量；其次，预测未来城镇生活垃圾处理率、无害化处理率以及填埋、堆肥、焚烧和回收等处理方式占无害化处理方式的比例；最后，预测得到简易处理量、无害化处理量和垃圾堆放量。

（2）一般工业固体废物预测思路

首先，根据各类工业固体废物重点产生行业的行业增加值、产品产量、资源消费量，以及各种工业固体废物的产生当量系数，计算得出重点行业工业固体废物的产生量。其中，产生煤矸石、粉煤灰和炉渣的重点行业即涵盖此类全部工业固体废物，产生废渣的重点行业为黑色冶金和有色冶金，含尾矿的重点行业为黑色采选和有色采选；然后根据重点行业固体废物产生量占总工业行业的固体废物产生量的比例推算总的工业固体废物产生量。其次，预测未来工业固体废物综合利用率和处置率，计算得到综合利用量、处置量和堆放量。六类工业固体废物的预测思路基本相同。

（3）危险废物预测思路

危险废物预测与一般工业固体废物预测思路基本相同。产生危险废物的重点行业包括化工行业、有色冶金、有色金属采选、造纸和纸制品业、石油加工炼焦和核燃料加工业，以及计算机通信和其他电子设备制造业。本《报告》不考虑医疗废物。

7.3 预测模型与方法

7.3.1 预测模型

表 7-4 为各种固体废物产生量和堆放量的计算模型。本节将主要预测工业固体废物和城市垃圾两种主要固体废物的产生量和堆放量。其中，工业固体废物分为一般工业固体废物和危险废物。

表 7-4　固体废物产生量和堆放量的预测方法

<table>
<tr><th>项目</th><th colspan="2">指标/污染物</th><th>预测方法</th></tr>
<tr><td rowspan="4">工业固体废物</td><td rowspan="4">产生量</td><td>煤矸石</td><td>煤矸石产生量＝原煤开采量×煤矸石产生当量</td></tr>
<tr><td>粉煤灰</td><td>粉煤灰产生量＝火电粉煤灰产生量+锅炉粉煤灰产生量
火电粉煤灰产生量＝火电燃煤量×煤炭灰分含量×火电飞灰产生率×火电除尘效率
锅炉粉煤灰产生量＝锅炉燃煤量×煤炭灰分含量×锅炉飞灰产生率×锅炉除尘效率</td></tr>
<tr><td>炉渣</td><td>炉渣产生量＝火电炉渣产生量+锅炉炉渣产生量
火电炉渣产生量＝火电燃煤量×煤炭灰分含量×（1−火电飞灰产生率）
锅炉炉渣产生量＝锅炉燃煤量×煤炭灰分含量×（1−锅炉飞灰产生率）</td></tr>
<tr><td>废渣</td><td>废渣产生量＝（黑色冶金废渣产生量+有色冶金废渣产生量）/
重点行业废渣产生量占总废渣产生量比例
黑色冶金废渣产生量＝粗钢产品产量×废渣产生当量
有色冶金废渣产生量＝行业增加值×废渣产生当量</td></tr>
</table>

项目	指标/污染物		预测方法
工业固体废物	产生量	尾矿	尾矿产生量＝（黑色金属采选尾矿产生量+有色金属采选尾矿产生量）/重点行业尾矿产生量占总尾矿产生量比例 黑色（有色）金属采选尾矿产生量＝行业增加值×黑色（有色）尾矿产生当量
		一般工业固体废物	一般工业固体废物产生量＝（煤矸石产生量+粉煤灰产生量+炉渣产生量+废渣产生量+尾矿产生量）/5 类一般工业固体废物产生量占一般工业固体废物产生总量的比例
		危险废物	危险废物产生量＝重点行业危险废物产生量/重点行业危险废物产生量占危险废物产生总量比例 重点行业危险废物产生量＝行业增加值×重点行业危险废物产生当量
		工业固体废物	工业固体废物产生量＝一般工业固体废物产生量+危险废物产生量
	新增堆放量	工业固体废物	工业固体废物排放量=固体废物产生量×固体废物排放量产生系数
城镇生活垃圾	产生量		城镇生活垃圾产生量＝城镇人口数量×人均生活垃圾产生量
	堆放量		城镇生活垃圾堆放量＝城镇生活垃圾产生量–城镇生活垃圾处理量 城镇生活垃圾处理量＝城镇生活垃圾产生量×无害化处理率 卫生填埋（焚烧、堆肥、回收等）处理量=处理量×卫生填埋率（焚烧率、堆肥率、回收率）

7.3.2　相关技术参数

（1）城镇生活垃圾相关参数

城镇生活垃圾产生量与堆放量预测中相关技术参数的预测方法与预测依据见表 7-5。

表 7-5　城镇生活垃圾预测中技术参数的预测方法与依据

项目	指标	预测方法和依据
产生量	城镇人口	经济预测模块提供
	人均生活垃圾产生量	由专项调查和清运量数据反推获得，各省不同，2016 年和 2035 年将分别达到 0.7 kg/d 和 1.27 kg/d
堆放量	垃圾处理率	根据《“十三五”全国城镇生活垃圾无害化处理设施建设规划》预测
	无害化处理率	
	卫生填埋、堆肥、无害化焚烧和其他 4 类处理方式的比例	

1）城镇生活垃圾产生量预测参数

城镇人口的数据由人口预测模块提供。人均生活垃圾产生量由专项调查和清运量数据反推获得，2016 年全国人均生活垃圾产生量为 0.7 kg/d，随着生活水平的提高，预计 2020 年、2025 年、2030 年、2035 年将分别达到 0.82 kg/d、0.97 kg/d、1.12 kg/d 和 1.27 kg/d（表 7-6）。

表 7-6 城镇生活垃圾产生量预测参数值

参数	2020 年	2025 年	2030 年	2035 年
城镇人口数量/万人	85 575	91 674	95 680	98 908
人均生活垃圾产生量/（kg/d）	0.82	0.97	1.12	1.27

2）城镇生活垃圾堆放量预测参数

根据近 5 年城镇生活垃圾处理量测算，参考《中国统计年鉴》中的统计数据，2016 年全国城镇生活垃圾无害化处理率平均为 90.9%。其中，卫生填埋、焚烧、堆肥的比例为 60∶38∶2。未来将逐步提高城镇生活垃圾无害化处理率，特别是加大焚烧率和堆肥率的比重，同时减少卫生填埋率。根据《“十三五”全国城镇生活垃圾无害化处理设施建设规划》，截至 2020 年，单列市和省会城市生活垃圾无害化处理率达到 100%；其他设市城市达 95%以上；县城达 80%以上；建制镇达 70%以上。预测到 2020 年、2025 年、2030 年、2035 年，在高方案下城镇生活垃圾无害化处理率分别达到 90%、95%、98%、98%；在低方案下城镇生活垃圾无害化处理率将分别达到 85%、90%、95%、95%（表 7-7）。

表 7-7 城镇生活垃圾堆放量预测参数值

参数		2020 年	2025 年	2030 年	2035 年
城镇生活垃圾无害化处理率/%	低方案	85	90	95	95
	高方案	90	95	98	98
卫生填埋率/%		55	50	45	40
焚烧率/%		42	46	50	54
堆肥率/%		3	4	5	6

（2）工业固体废物相关参数

工业固体废物产生量、堆放量预测中用到的相关基础数据和技术参数的预测方法和数据来源见表 7-8。

表 7-8 工业固体废物产生量、堆放量预测中技术参数的预测方法与依据

项目	指标	预测方法
产生量	煤炭开采量	经济预测模块提供
	煤矸石产生当量	根据全国大、中城市固体废物污染环境防治年报和经济预测模块反推出煤矸石产生当量，2016 年为 0.1，考虑到未来煤矸石仍然较大幅度增长，预测 2035 年煤矸石产生当量将达到 0.14
	火电和锅炉燃煤消费量	经济预测模块提供
	商品煤灰分含量	根据近 6 年商品煤灰分含量的推算，全国煤灰分含量均值基本保持稳定，预测未来的煤灰分含量将保持稳定，预测时取 20%

项目	指标	预测方法
产生量	飞灰产生率	以 2015 年粉煤灰产生量为基准反推得到电力行业和一般工业锅炉的飞灰率分别约为 86%和 34%，预测时分别取 85%和 30%
	除尘效率	根据《中国环境统计年报 2016》，火电和一般锅炉的除尘效率分别约为 99%和 97%，未来逐年提高，到 2030 年达到 99%
	粗钢生产量	经济预测模块提供
	废渣产生当量	根据近 6 年黑色和有色冶金行业的废渣产生量以及粗钢和有色冶金行业增加值，计算近 6 年两个行业的废渣产生当量，然后利用统计回归模型外推预测目标年的废渣产生当量
	煤炭开采量	经济预测模块提供
	尾矿产生当量	根据近 6 年黑色和有色采选行业的尾矿产生量以及行业增加值，计算近 6 年两个行业的尾矿产生当量，然后利用统计回归模型外推预测目标年的尾矿产生当量
	危险废物产生当量	根据近 6 年化工和有色冶金行业的危险废物产生量以及行业增加值，计算近 6 年两个行业的危险废物产生当量，然后利用统计回归模型外推预测目标年的危险废物产生当量
	重点行业固体废物产生量占总产生量的比例	根据近 6 年环境统计中重点行业固体废物产生量和固体废物总产生量计算，重点行业的危险废物产生量占危险废物总产生量的比例基本保持稳定，预测时取近 6 年均值（86%）
堆放量	综合利用率	2016 年一般工业固体废物的综合利用率和处置率分别为 58.5%和 21.4%，危险废物的综合利用率和处置率分别为 45.3%和 43.8%。根据工业固体废物的治理现状以及“十三五”环保规划和“十三五”危险废物处置建设规划，并参考国家环保模范城市和生态市建设对工业固体废物处置利用的指标要求提出工业固体废物的综合利用和处置目标，预计综合利用率和处置率将逐年上升
	处置率	

注：由于目前工业固体废物的综合利用率和处置率水平已经与预测目标值比较接近，因此，工业固体废物的综合利用率和处置水平率预测方法只制定一个方案。

1）一般工业固体废物产生量与堆放量预测参数

根据表 7-8 中各系数的确定方法，综合考虑技术进步和污染物处理率的提高，最终确定各系数。一般工业固体废物产生量参数值的预测结果见表 7-9。

表 7-9　一般工业固体废物产生量预测参数值

参数	2020 年	2025 年	2030 年	2035 年
煤矸石产生当量/（万 t/万 t）	0.11	0.12	0.13	0.14
原煤开采量/亿 t	40.35	37.99	36.23	33.68
火电燃煤量/亿 t	19.80	18.40	18.25	17.58
工业燃煤量/亿 t	19.80	18.40	18.25	17.58
煤炭灰分含量/%	20	20	20	20
火电除尘效率/%	99	99	99	99
锅炉除尘效率/%	98	98	99	99
锅炉飞灰产生率/%	30	30	30	30
火电飞灰产生率/%	85	85	85	85

参数	2020 年	2025 年	2030 年	2035 年
粗钢产量/亿 t	7.01	6.00	5.18	3.73
黑色冶金废渣产生当量/（万 t/万 t）	0.36	0.36	0.36	0.36
有色冶金废渣产生当量/（万 t/亿元）	0.29	0.29	0.29	0.29
有色冶金行业增加值/亿元	12 119.99	14 340.49	15 881.75	16 393.38
重点行业废渣产生量占总废渣产生量比例/%	95	95	95	95
黑色金属采选行业增加值/亿元	2 226.18	1 845.19	1 527.03	1 365.67
有色金属采选行业增加值/亿元	2 614.16	2 833.54	2 650.70	2 195.70
黑色尾矿产生当量/（万 t/亿元）	16.00	16.00	16.00	16.00
有色尾矿产生当量/（万 t/亿元）	15.00	15.00	15.00	15.00
重点行业尾矿产生量占总尾矿产生量比例/%	86	86	86	86
5 类一般工业固体废物占总一般工业固体废物产生量的比例/%	75	73	70	70

一般工业固体废物堆放量根据工业固体废物的治理现状以及“十三五”环保规划，参考国家环保模范城市和生态市建设对工业固体废物处置利用指标的要求提出工业固体废物的综合利用和处置目标，并考虑到综合利用率和处置率的提高，设立两种不同的情景，一般工业固体废物的综合利用率和处置率见表 7-10。

表 7-10　一般工业固体废物堆放量预测参数值

参数		2020 年	2025 年	2030 年	2035 年
一般工业固体废物综合利用率/%	高方案	62	64	67	70
	低方案	60	62	65	68
一般工业固体废物处置率/%	高方案	24	26	28	29
	低方案	22	24	26	28

2）危险废物产生量与堆放量预测参数

选择基础化工行业、有色金属冶金行业、有色金属矿采选业、造纸及纸制品业、石油加工炼焦和核燃料加工业、计算机通信和其他电子设备制造业六个行业作为重点行业来预测危险废物产生量。通过计算近 4 年来这六个行业的危险废物产生量和工业增加值，得出行业危险废物产生当量，考虑技术进步，采用趋势外推得到 2020 年、2025 年、2030 年、2035 年上述行业的危险废物产生当量，利用经济预测模块预测行业增加值，从而预测重点行业危险废物产生量，按照比例预测总的危险废物产生量。各参数值详见表 7-11。

表 7-11　危险废物产生量预测参数值

参数	2020 年	2025 年	2030 年	2035 年
六大行业危险废物产生当量/（万 t/亿元）	0.063	0.063	0.063	0.063
六大行业增加值/亿元	87 208.85	119 325.16	158 271.26	203 720.13
六大行业危险废物产生量占总危险废物产生量比例/%	67	67	67	67

根据工业固体废物的治理现状以及“十三五”危险废物处置建设规划，并参照全国大、中城市固体废物污染环境防治年报中我国危险废物综合利用率和处置率，提出工业危险废物的综合利用和处置目标。2015 年，我国危险废物综合利用率和处置率已达到 48.3%和 44.1%。随着技术水平的提高，我国危险废物的综合利用率将逐步提高。设立两种不同的情景，危险固体废物的综合利用率和处置率见表 7-12。

表 7-12　危险废物堆放量预测参数值

参数		2020 年	2025 年	2030 年	2035 年
危险废物综合利用率/%	高方案	55	57	60	65
	低方案	53	55	58	63
危险废物处置率/%	高方案	40	41	40	35
	低方案	38	39	40	37

7.4　预测结果与分析

7.4.1　城镇生活垃圾

随着我国城市化进程不断加快，城市人口数量增加较快，同时，人民生活水平的不断提高，使人均生活垃圾产生量不断增加，导致我国城镇生活垃圾产生量增长迅速。预计我国城镇生活垃圾产生量在 2020 年、2025 年、2030 年、2035 年分别达到 2.56 亿 t、3.25 亿 t、3.91 亿 t、4.58 亿 t（图 7-2）。然而，我国城镇生活垃圾产生量增长率则逐步减缓，尽管我国已出台“二孩政策”，但由于我国人口老龄化等问题不断加重，我国城镇人口增长速度将放缓，使得城镇垃圾产生量年均增长率放缓。预计 2020—2025 年、2025—2030 年、2030—2035 年年均增长率分别为 4.9%、3.8%、3.2%。

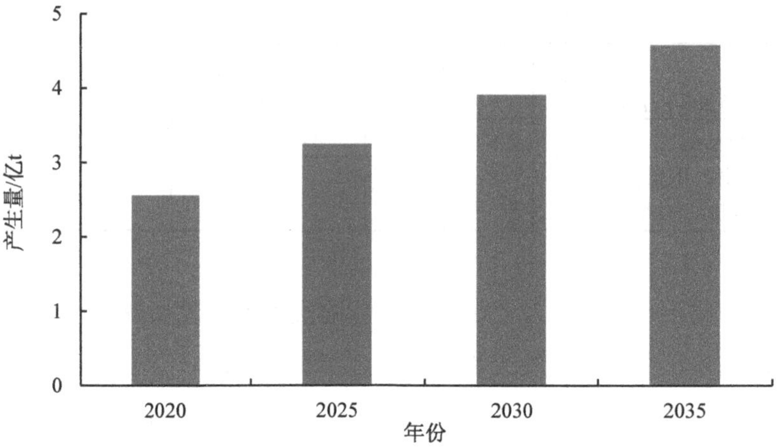

图 7-2　城镇生活垃圾产生量

城镇生活垃圾堆放量预测分两种情景进行（图 7-3），高方案综合利用率、无害化处理率相对较高，低方案综合利用率、无害化处理率相对较低。

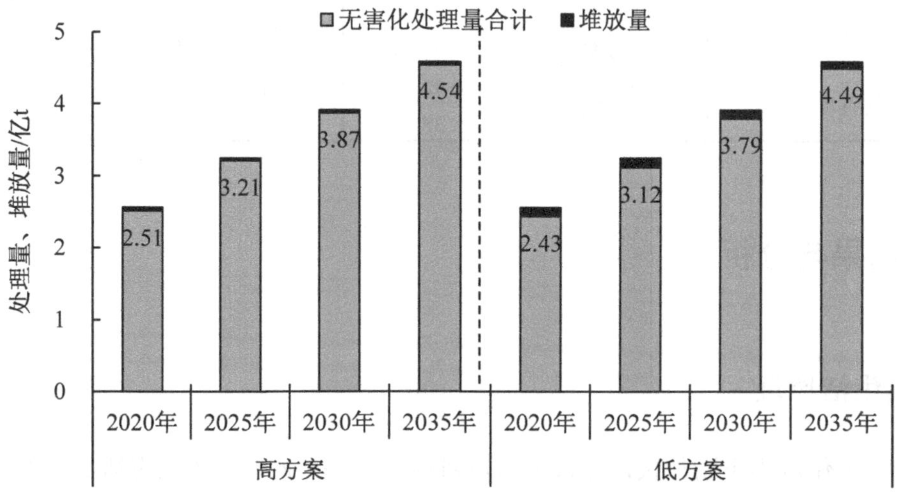

图 7-3　在两种情景下城镇生活垃圾无害化处理量及堆放量预测

高方案情景下，2020 年、2025 年、2030 年、2035 年城镇垃圾无害化处理量分别为 2.51 亿 t、3.21 亿 t、3.87 亿 t、4.54 亿 t，2020—2025 年、2025—2030 年、2030—2035 年年均增长率分别为 5.1%、3.8%、3.2%，呈现逐年减缓的趋势。

低方案情景下，2020 年、2025 年、2030 年、2035 年城镇垃圾无害化处理量分别为 2.43 亿 t、3.12 亿 t、3.79 亿 t、4.49 亿 t，2020—2025 年、2025—2030 年、2030—2035 年年均增长率分别为 5.1%、

4.0%、3.4%，呈现逐年减缓的趋势。

随着处置水平的不断提高，城镇生活垃圾堆放量基本呈现逐渐减少的趋势。其中，高方案情景下，2020 年、2025 年、2030 年、2035 年城镇生活垃圾堆放量分别为 0.05 亿 t、0.03 亿 t、0.04 亿 t、0.05 亿 t；低方案情景下，2020 年、2025 年、2030 年、2035 年城镇生活垃圾堆放量分别为 0.13 亿 t、0.13 亿 t、0.12 亿 t、0.09 亿 t。

从不同城市垃圾无害化处理类型来看（图 7-4），卫生填埋作为最简单的处置方式，处置量呈现先增后减的变化趋势；无害化焚烧处置由于其经济性等特征，未来将成为主要处置方式，处置量呈现逐步上升的趋势，且预计 2025—2030 年无害化焚烧处置量将超过卫生填埋量；堆肥量增长速度也较快，但所占比重仍然远低于另两种处置方式。高方案情景下，2020 年、2025 年、2030 年、2035 年卫生填埋量分别为 1.38 亿 t、1.61 亿 t、1.74 亿 t、1.82 亿 t；无害化焚烧处置量分别为 1.05 亿 t、1.48 亿 t、1.94 亿 t、2.45 亿 t；而堆肥量分别为 0.08 亿 t、0.13 亿 t、0.19 亿 t、0.27 亿 t。低方案情景下，2020 年、2025 年、2030 年、2035 年卫生填埋量分别为 1.34 亿 t、1.56 亿 t、1.71 亿 t、1.8 亿 t；无害化焚烧处置量分别为 1.02 亿 t、1.43 亿 t、1.90 亿 t、2.43 亿 t；而堆肥量分别为 0.07 亿 t、0.12 亿 t、0.19 亿 t、0.27 亿 t。

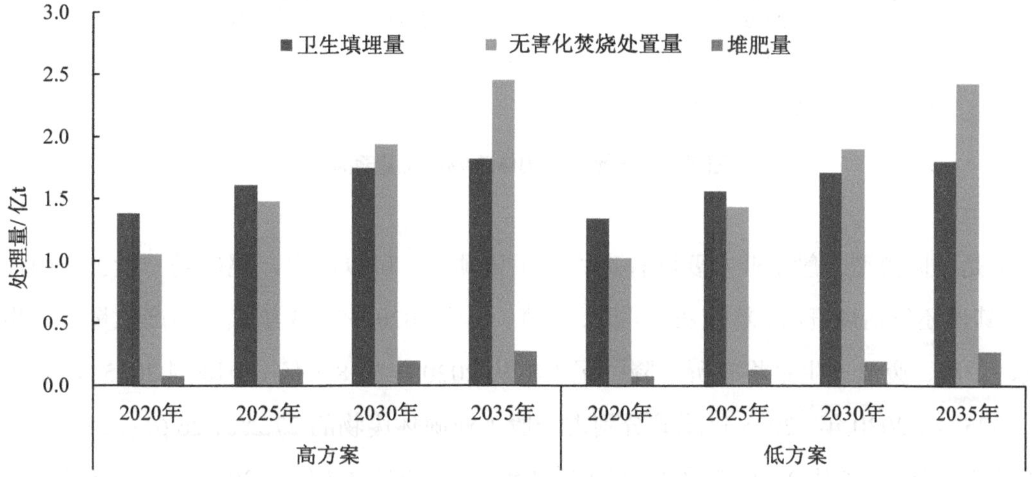

图 7-4　不同类型城镇生活垃圾无害化处理量预测

7.4.2　一般工业固体废物

预测结果表明，我国一般工业固体废物产生量将持续下降（图 7-5），预计 2020 年、2025 年、2030 年、2035 年一般工业固体废物产生量分别为 32.04 亿 t、31.44 亿 t、31.26 亿 t、30.75 亿 t。我国集约型产业体系的不断完善以及产业的持续转型是推动我国一般工业固体废物总体下降的重要驱动因素。为了化解日益严重的产能过剩与供需错配，我国将加速推进供给侧结构性改革。通过促进传统产业转型升级、构建集约型产业发展体系，改造提升传统比较优势，扩大有效供给。通过节能降耗、技术改造、关停并转、产业融合等方式促进市场化优胜劣汰，促进传统重化工业和传统服务业的技术、结构和模式全面优化，促进传统产业提质增效，最终使得我国一般工业固体废物产生量逐渐减少。

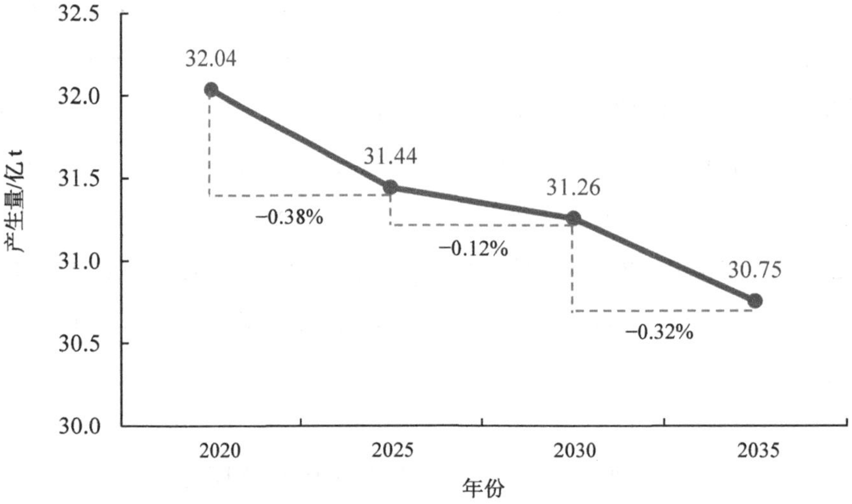

注：虚线下方为年均增长率。

图 7-5　一般工业固体废物产生量预测

图 7-6 是不同类型一般工业主要固体废物产生量预测。可以看出，尾矿是一般工业固体废物的主要类型，其次还包括煤矸石、粉煤灰、炉渣、废渣。预计 2020—2035 年煤矸石产生量进一步增加，而粉煤灰、炉渣、废渣产生量将有所下降。尾矿将从 2020 年的 8.7 亿 t 下降到 2035 年的 6.4 亿 t，2020 年、2025 年、2030 年、2035 年尾矿分别占一般工业固体废物的 27.2%、26.6%、23.9%、20.7%，比重逐渐降低；煤矸石则从 2020 年的 4.4 亿 t 增加到 2035 年的 4.7 亿 t，2020 年、2025 年、2030 年、2035 年煤矸石分别占一般工业固体废物的 13.9%、14.5%、15.1%、15.3%，比重逐年上升；而粉煤灰、炉渣、废渣则分别从 2020 年的 4.5 亿 t、3.4 亿 t、3.0 亿 t 下降到 2035 年的 4.0 亿 t、3.0 亿 t、1.9 亿 t，分别占一般工业固体废物的 13%～14%、9.7%～10.5%、6.2%～9.4%，比重皆呈现逐年下降的变化趋势。

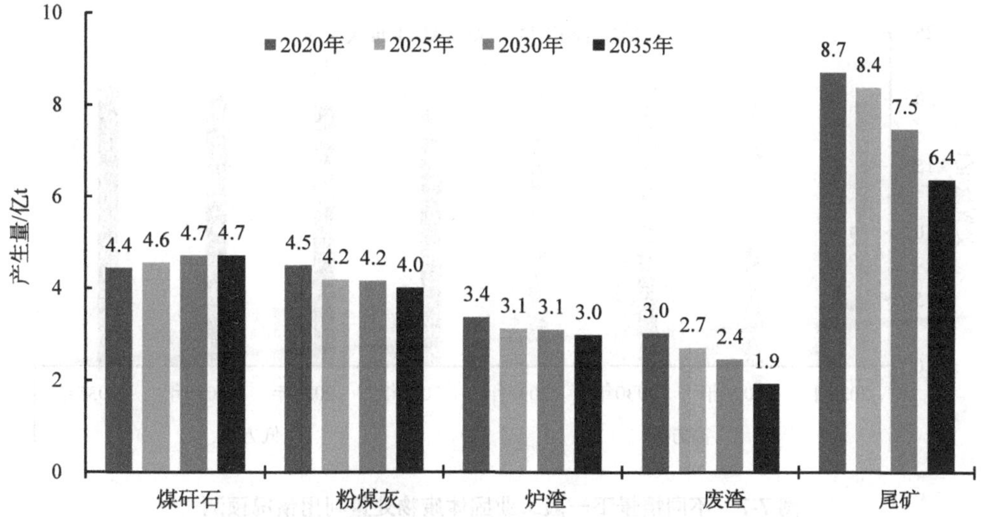

图 7-6　不同类型一般工业主要固体废物产生量预测

从年度变化速率来看，尾矿下降速度最快，2020—2025 年、2025—2030 年、2030—2035 年年均增长率分别为−0.76%、−2.28%、−3.12%；其次为废渣，2020—2025 年、2025—2030 年、2030—2035 年年均增长率分别为−2.17%、−2.03%、−4.78%；而粉煤灰和炉渣产量的下降速度较为缓慢。煤矸石年度变化速率较为缓慢，但与其他一般固体废物不同的是，煤矸石在 2020—2035 年产生量呈现不减反增的变化趋势，2020—2025 年、2025—2030 年、2030—2035 年年均增长率分别为 0.53%、0.66%、0.02%，可以看出煤矸石产生量预计在 2030—2035 年增长速度将有所减缓。

图 7-7 是不同情景下一般工业固体废物处置利用情况预测。可以看出，综合利用是处理一般工业固体废物的主要途径，预计一般工业废物综合利用率在 2020—2035 年将保持稳步增长；废物处置也是我国较为重要的处理途径，且预计废物处置率在高方案情景下将持续上升，但在低方案情景下将出现下降趋势；堆放固体废物占比较低，且在我国经济高质量发展的背景下，堆放固体废物的处置类型占比预计会有所下降。

本《报告》将固体废物处理类型占比分别设置了高方案情景和低方案情景。高方案情景下，预计一般工业固体废物的综合利用率从 2020 年的 62%增长到 2035 年的 69%；废物处置率则从 2020 年的 24%增长到 2035 年的 30%；而废物堆放率则从 2020 年的 14%下降至 2035 年的 1%。低方案情景下，预计一般工业固体废物的综合利用率从 2020 年的 55%增长到 2035 年的 65%；而废物处置率则从 2020 年的 40%下降到 2035 年的 34%；废物堆放率则从 2020 年的 5%下降到 2035 年的 1%。

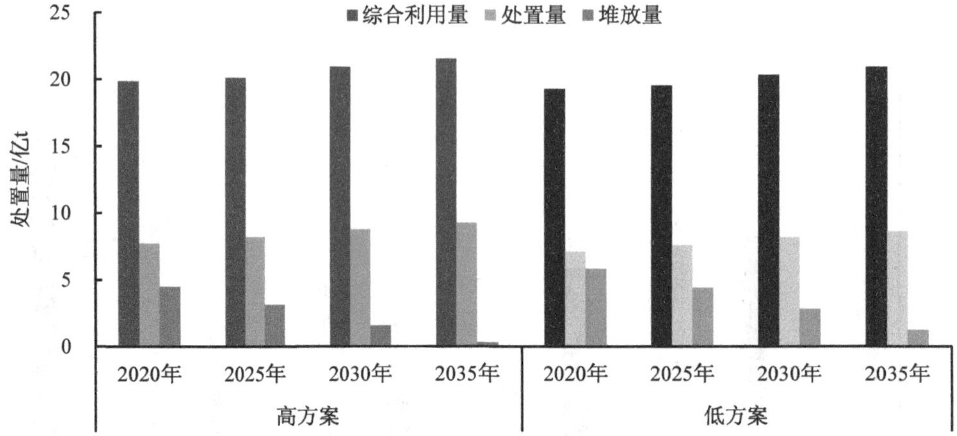

图 7-7　不同情景下一般工业固体废物处置利用情况预测

7.4.3　危险废物

预测结果表明，我国危险废物产生量将持续上升（图 7-8），预计 2020 年、2025 年、2030 年、2035 年分别达到 0.82 亿 t、1.13 亿 t、1.49 亿 t、1.92 亿 t。在将来的一段时间内，我国危险废物产生量将保持较快增长，但增长速度有所减缓。预计 2020—2025 年、2025—2030 年、2030—2035 年危险废物年均增长率分别为 6.47%、5.81%、5.18%。

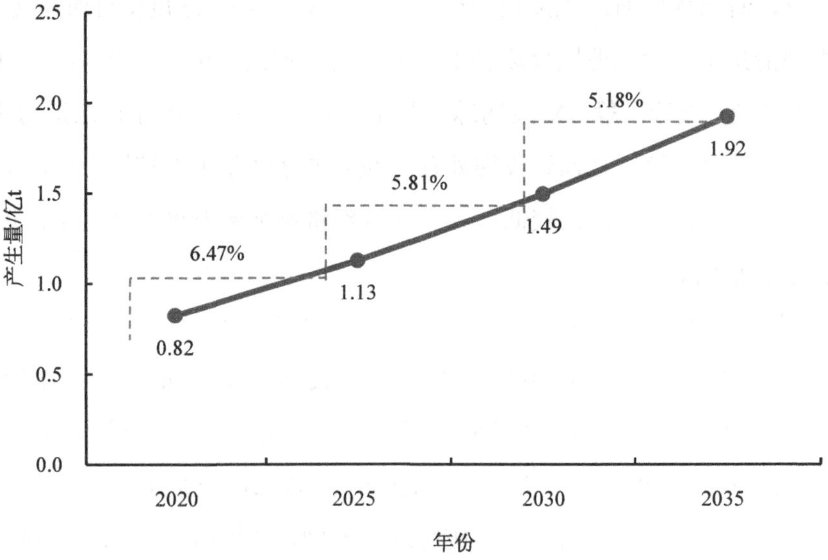

注：虚线上方数字为年均增长率。

图 7-8　危险废物产生量

图 7-9 为不同情景下不同处置类型危险废物处置量预测。可以看出，目前我国危险废物综合利用率较高，综合利用是我国危险废物最主要的处置类型，并且占比逐年上升。高方案情景下，我国危险废物综合利用率将从 2020 年的 62%上升到 2035 年的 69%；而低方案情景下，则从 2020 年的 60%上升到 2035 年的 68%。另外，我国危险废物处置率比重也相对较大，且仍保持逐年上升的变化趋势。高方案情景下，预计将从 2020 年的 24%上升到 2035 年的 30%；而低方案情景下则从 2020 年的 22%上升到 2035 年的 28%。随着我国技术水平不断提高、公众及企业环保意识不断强化以及我国对环境治理力度不断加强，危险废物堆放的处置方式将逐步淘汰。高方案情景下，预计其堆放率将从 2020 年的 14%下降至 2035 年的 1%；低方案情景下，预计从 2020 年的 18%下降至 2035 年的 4%。

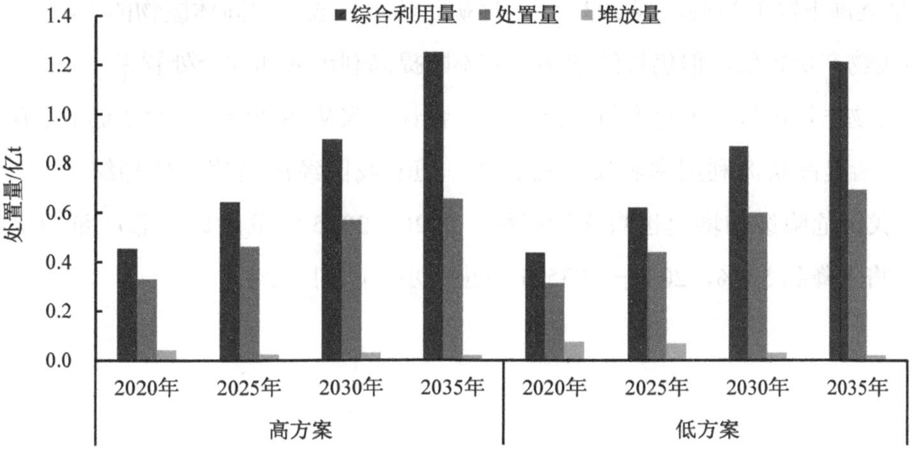

图 7-9　不同情景下危险废物处置量预测

7.5　主要结论与形势研判

（1）未来“垃圾围城”将不可避免，需切实转变垃圾处置利用方式

在设定综合利用率、无害化处理率相对较高水平下（高方案），2020 年、2025 年、2030 年、2035 年城镇生活垃圾产生量将分别达到 3.75 亿 t、4.18 亿 t、4.54 亿 t、4.87 亿 t，2020—2025 年、2025—2030 年及 2030—2035 年年均增长率分别为 2.2%、1.7%、1.4%，增速逐渐下降。未来在技术可行的前提下，大力提高焚烧和堆肥等垃圾无害化处置比例，减少填埋比例，将能够显著提高我国无害化垃圾处置效率和水平，一定程度上尽早缓解城镇化进程导致的“垃圾围城”等城市病问题。预计到 2030 年焚烧处置量将达到 2.58 亿 t；堆肥量增长速度也较快，但所占比重仍然低于另两种处置方式。

随着处置水平的不断提高，城镇生活垃圾堆放量将逐渐减少，2020年、2025年、2030年、2035年分别为0.37亿t、0.21亿t、0.09亿t、0.10亿t，预计我国城镇垃圾堆放量在2030年后保持稳定。

（2）未来工业固体废物有所下降，但产量仍然较大，加快资源化利用是关键

未来工业固体废物有所下降，但2035年总产生量仍达28.56亿t，尾矿仍将是工业固体废物的主要来源，工业固体废物的资源化利用是关键。随着我国经济增速整体趋缓，产业结构逐渐优化调整，未来我国工业固体废物总产生量有所下降，2020—2025年工业固体废物总产生量增速为−0.4%，2025—2030年为−0.1%，2030—2035年增速将达到−1.8%。2020年、2025年、2030年、2035年工业固体废物总产生量分别为32.04亿t、31.44亿t、31.26亿t、28.56亿t。尾矿是一般工业固体废物的主要来源，2020年、2025年、2030年、2035年尾矿占一般工业固体废物比重分别为27%、27%、24%、22%，呈逐渐下降的趋势，到2035年，尾矿将约占一般工业固体废物的1/4。

（3）危险废物产量较低，但仍持续增加，需不断提高利用率和安全处置率

我国危险废物产量虽低，但总产量持续上升，预计将来从2020年的0.82亿t上升到2035年的1.92亿t，需不断提高资源利用率和安全处置率。随着我国经济增速整体趋缓，产业结构逐渐优化调整，未来我国危险废物增速也将逐渐趋缓，2020—2025年危险废物总产量的增速为6.5%，2025—2030年将下降到5.8%，2030—2035年将进一步下降到5.2%。

第 8 章　新型环境问题形势与预判

结合未来 2025 年、2035 年、2050 年全球和我国经济、科技发展变化趋势，新业态变化格局，消费转型和环境治理技术发展变化，从新能源汽车及废弃电池、电子垃圾、快递、外卖包装垃圾的产生、处理处置等几个方面，预测分析一些新型环境问题的变化趋势。

8.1　新能源汽车及废弃电池预测

随着经济社会的不断发展，汽车已经成为现代社会不可缺少的交通工具，但汽车尾气 NO_x、HC、CO、颗粒物（PM）排放是造成灰霾、光化学烟雾的重要原因之一，是我国环境空气污染的重要污染源。据公安部统计，截至 2017 年年底，全国机动车保有量已达到 3.10 亿辆，其中汽车 2.17 亿辆，机动车保有量继续保持快速增长的态势，这将对我国的环境保护提出更大的挑战。

我国新能源汽车需求巨大、增长迅速。为了降低汽车燃料消耗量、缓解燃油供求矛盾、减少尾气排放、改善大气环境，国务院在 2012 年印发了《节能与新能源汽车产业发展规划（2012—2020 年）》，其中将新能源汽车描述为以内燃机为主要动力系统，综合工况燃料消耗量优于下一阶段目标值的纯电动汽车、插电式混合动力车及燃料电池汽车。据公安部 2017 年 7 月统计，全国新能源汽车已达到 101.8 万辆，其中纯电动汽车 82.5 万辆，插电式混合动力汽车 19.3 万辆，截至 2017 年 12 月全国已登记的新能源汽车保有量达 144 万辆。据中国汽车工业协会提供，2018 年 1 月、6 月，新能源汽车产销分别为 41.3 万辆和 41.2 万辆，同比增长 94.9%和 111.5%。其中纯电动汽车产销分别为 31.4 万辆和 31.3 万辆，同比增长 79.0%和 96.0%；插电式混合动力汽车产销分别为 10.0 万辆和 9.9 万辆，同比增长 170.2%和 181.6%。根据《节能与新能源汽车产业发展规划（2012—2020 年）》，到 2020 年，纯电动汽车和插电式混合动力汽车生产能力达 200 万辆、累计产销量将超过 500 万辆。

按照《关于加快新能源汽车推广应用的指导意见》（国办发〔2014〕35 号）、《关于加快电动汽车充电基础设施建设的指导意见》（国办发〔2015〕73 号）等文件要求，大气污染治理重点区域和重点省（市）（包括北京、上海、天津、河北、山西、江苏、浙江、山东、广东、海南），2016—2020 年新能源汽车（标准车）推广数量分别不低于 3.0 万辆、3.5 万辆、4.3 万辆、5.5 万辆、7.0 万辆，且推广的新能源汽车数量占本地区新增及更新的汽车总量比例不低于 2%、3%、4%、5%、6%。中部省（包括安徽、江西、河南、湖北、湖南）和福建省，2016—2020 年新能源汽车（标准车）推广数量分别不低于 1.8 万辆、2.2 万辆、2.8 万辆、3.8 万辆、5.0 万辆，且推广的新能源汽车数量占本地区新增及更新的汽车总量比例不低于 1.5%、2%、3%、4%、5%。其他省（区、市）2016—2020 年新能源汽车（标准车）推广数量分别不低于 1.0 万辆、1.2 万辆、1.5 万辆、2.0 万辆、3.0 万辆，且推广的新能源汽车数量占本地区新增及更新的汽车总量比例不低于 1%、1.5%、2%、2.5%、3%。

根据国务院信息中心对 2018—2050 年我国经济社会发展的预测，2020 年、2035 年和 2050 年我国汽车保有量将分别达到 24 889.2 万辆、43 506.3 万辆和 52 178.9 万辆；电动汽车保有量分别达到 500.3 万辆、9 080.9 万辆和 18 421.7 万辆。电动汽车保有量在预测期间占汽车保有量比例发生明显增加，从 2015 年的 0.3%发展到 2035 年的 20.9%，在 2050 年增至 35.3%。预测年，千人汽车保有量分别为 175.8 辆（2020 年）、301.3 辆（2035 年）、374.0 辆（2050 年）；相对应的电动汽车年均增速分别为 61.5%、21.3%、4.8%。目前，我国电动汽车保有量年均增速 61.5%，处于高速发展阶段。电动汽车的铅酸电池、锂离子电池寿命较短，随着技术的发展，其寿命会更长。但是寿命期后，会迎来电池的大范围淘汰。

在环保和能源的压力之下，新能源汽车呈现了爆发式的增长，然而在我国现有的能源背景下，纯电动汽车也会带来新的环境问题。首先，新能源汽车会带来固体废物甚至是危险废物污染问题。纯电动汽车随着使用里程的不断增加，电池性能不断减弱，2012 年出售的新能源汽车电池现正在面临“退役”，但对于废旧电池的处理，目前全球都缺乏有效的技术。其次，新能源汽车用能会带来污染转移问题。国家统计局资料显示，2017 年煤炭消费量占能源消费总量的 60.4%，天然气、水电、核电、风电等清洁能源消费量占能源消费总量的 20.8%，这说明我国仍是以煤炭消费为主的国家，2017 年全国发电量 6.5 万亿 kW·h，火力发电量 4.7 万亿 kW·h，占总发电量的 71.8%，因此，我国电能主要还是来源于煤炭。我国煤炭资源分布西多东少，发电区域主要集中在中西部，因此电力行业主管部门加速推进建设特高压输电和常规输电技术的“西电东送”输电通道。这些会形成中西部一些地区用电少而环境污染相对严重，另一些地区用电量多但是环境相对较好的局面。

8.2 电子垃圾预测

8.2.1 我国电子垃圾现状

科技创新改善人类生活水平的同时也将带来大量的电子垃圾，我国电子垃圾增长迅速，从2011年的394万t增长到2016年的843万t（图8-1），增长了1倍多，年均增长率达到16.4%。随着我国经济发展水平的不断提高，我国居民收入日益增长，但同时电子垃圾的人均产量也随之提高。2016年，我国电子垃圾人均产量已达到6.1 kg，相比于2011年的2.9 kg提高了1倍多。随着我国电子垃圾的暴增，未来需转变回收管理方式，建立专业化拆解回收体系，从而最大限度地减少电子垃圾对环境的危害。

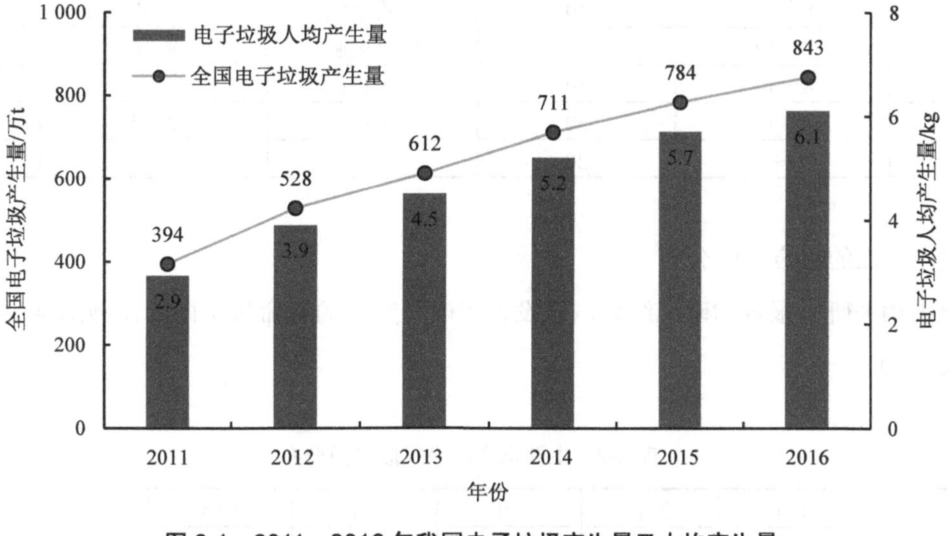

图8-1 2011—2016年我国电子垃圾产生量及人均产生量

8.2.2 预测思路与技术方法

8.2.2.1 预测思路与模型

首先，根据历年的电子产品国内销售量数据预测2020—2035年电子产品的国内销售量；其次，根据各种电子产品的使用寿命预测电子垃圾的产生量，再根据电子垃圾处理系数的确定，预测电子废物的处理量（综合利用量）。

电子垃圾产生量的计算公式如下：

第 i 年产生量=第 $i-j+1$ 年销售量×第 j 年报废率×每台产品的平均重量

根据电子垃圾的产生量，结合集中收集率和无害化处置率，可以计算得出处置量，公式如下：

处置量=产生量×集中收集率×无害化处置率

8.2.2.2 相关技术参数

（1）电子产品平均寿命及平均重量

电子产品平均寿命和平均重量是综合了中国家用电器研究院的估计值、UNEP、EPA 的研究报告、国内相关研究及目前市场上各类知名品牌电子产品的使用手册。其中数码产品（包括充电器和电池）的平均寿命和重量是根据目前市场上主要品牌产品的平均值估算得到（表 8-1）。

表 8-1 主要电子产品平均寿命和平均重量

种类	平均寿命/年	平均重量/kg	种类	平均寿命/年	平均重量/kg
洗衣机	8～14	40	台式电脑	5～7	30
电冰箱	8～12	55	便携电脑	4～6	3
空调器	8～14	50	数码相机	4～6	0.25
电视机	8～10	30	手机	2～4	0.2
打印机	5～7	20			

（2）电子产品的报废年限分布

根据德国相关研究报告的研究结果，假设各类电子产品的寿命按不同的比例围绕平均寿命呈正态分布（表 8-2）。

表 8-2 主要电子产品报废年限分布

年限	1 年	2 年	3 年	4 年	5 年	6 年	7 年
台式电脑					20%	60%	20%
便携电脑				25%	50%	25%	
打印机					20%	60%	20%
手机		25%	50%	25%			
数码相机				25%	50%	25%	
年限	8 年	9 年	10 年	11 年	12 年	13 年	14 年
电视机	8%	16%	26%	26%	16%	8%	
洗衣机	8%	12%	18%	24%	18%	12%	8%
空调器	8%	12%	18%	24%	18%	12%	8%
电冰箱	8%	16%	26%	26%	16%	8%	

（3）电子垃圾处置利用系数

根据有关规划，预计到 2020 年，我国电子垃圾的集中收集率、无害化处置率以及资源化利用率将分别达到 95%、98%、80%；2030 年达到 99%、99%、85%。因此，对电子垃圾未来的处理情况设定两个情景方案，低方案是指处理处置在现状水平稳定增长状况下电子垃圾的处置利用发展状况，即对电子垃圾不做任何规划和管理的情况下我国未来电子垃圾集中收集率、无害化处置率和资源化利用率；高方案是指根据上述相关规划，即在强制政策引导和管理情况下我国未来电子垃圾收集、处置、利用及堆放状况（表 8-3）。

表 8-3　目标年份电子垃圾处置利用系数　　单位：%

参数	情景	2020 年	2025 年	2030 年	2035 年
集中收集率	低方案	80	85	90	95
	高方案	95	98	99	99
无害化处置率	低方案	85	88	90	95
	高方案	98	99	99	99
资源化利用率	低方案	65	70	75	80
	高方案	80	83	85	88

8.2.3　电子垃圾形势预测

不同类型电子垃圾产生量预测结果见图 8-2。总体来看，未来我国电子垃圾产生量将呈现快速增长趋势。2020 年、2025 年、2030 年、2035 年电子垃圾产生量将分别达到 1 147.06 万 t、1 364.11 万 t、1 575.83 万 t、1 728.74 万 t。其中，2025 年、2030 年、2035 年分别是 2020 年所产生的电子垃圾的 1.2 倍、1.4 倍、1.5 倍。从各种类型来看，家用电器仍然为电子垃圾的主要来源，其中以电视机电子垃圾产量最高。而台式电脑、手机和笔记本电脑电子垃圾产生量相对较低，其中手机和笔记本电脑的销售量虽然较大，但是其重量较小，因此产生的电子垃圾重量仍处于较低水平。从变化趋势来看，我国各类电子垃圾基本保持逐年上升的趋势，但是台式电脑、数码相机电子垃圾存在明显的下降趋势，预计 2035 年所产生的电子垃圾分别为 2020 年的 0.6 倍和 0.2 倍，其原因在于市场上替代品的出现，笔记本电脑和手机，其 2035 年产生的电子垃圾分别为 2020 年的 2.6 倍和 1.3 倍。另外，电冰箱电子垃圾也呈现缓慢的下降趋势。

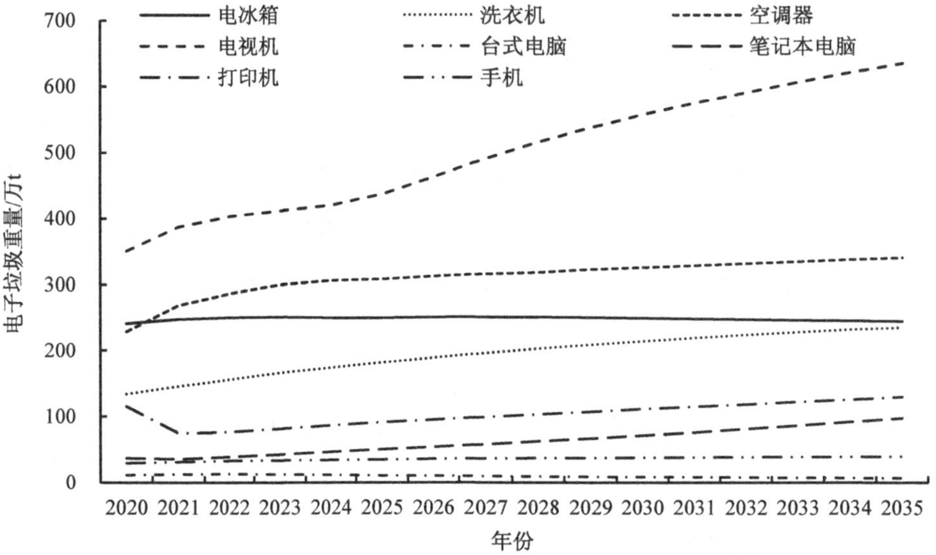

图 8-2　2020—2035 年不同类型电子垃圾产生量预测

高方案情景下，电子垃圾收集量、无害化处置量、资源化利用量都将呈逐年增长的趋势，到“十三五”末期（2020 年），电子垃圾集中收集量、无害化处置量、资源利用量和堆放量将分别达到 1 089.71 万 t、1 067.92 万 t、854.33 万 t、79.15 万 t；到 2035 年，将分别达到 1 711.45 万 t、1 694.34 万 t、1 491.02 万 t、34.40 万 t，堆放量将进一步减少（图 8-3、表 8-4）。

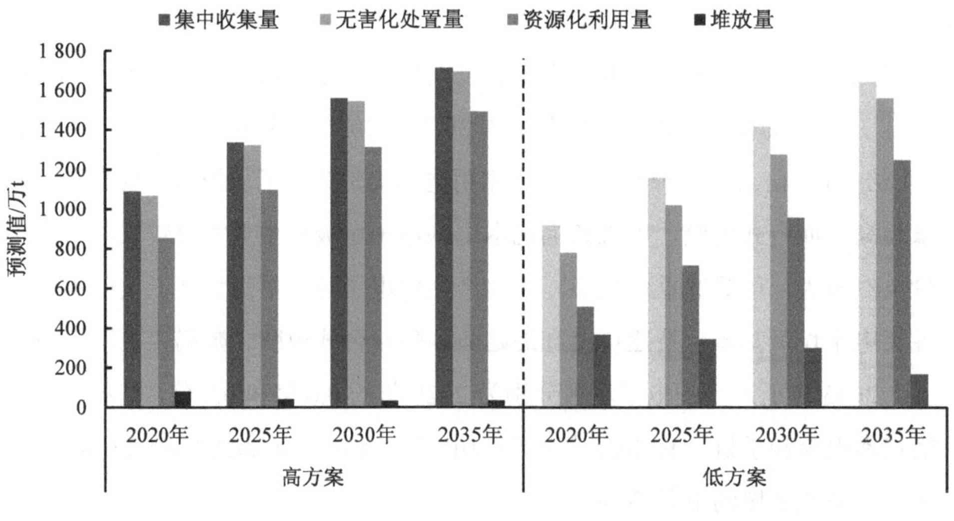

图 8-3　不同方案下电子垃圾产生量、处置量、利用量、堆放量预测值

表 8-4　电子垃圾产生量、处置量、利用量、堆放量预测结果　单位：万 t

方案	类型	2020 年	2025 年	2030 年	2035 年
电子垃圾产生量		1 147.06	1 364.11	1 574.83	1 728.74
高方案	集中收集量	1 089.71	1 336.83	1 559.08	1 711.45
	无害化处置量	1 067.92	1 323.46	1 543.49	1 694.34
	资源化利用量	854.33	1 098.47	1 311.97	1 491.02
	堆放量	79.15	40.65	31.34	34.40
低方案	集中收集量	917.65	1 159.49	1 417.35	1 642.30
	无害化处置量	780.00	1 020.35	1 275.61	1 560.19
	资源化利用量	507.00	714.25	956.71	1 248.15
	堆放量	367.06	343.76	299.22	168.55

低方案情景下，电子垃圾集中收集量、无害化处置量、资源化利用量都将呈逐年增长的趋势，但增长速度要低于高情景方案。到“十三五”末期（2020 年），电子垃圾收集量、无害化处置量、资源利用量和堆放量将分别达到 917.65 万 t、780.00 万 t、507.00 万 t、367.06 万 t；到 2030 年，将分别达到 1 642.30 万 t、1 560.19 万 t、1 248.15 万 t、168.55 万 t。可以看出在低方案下，到 2030 年仍将有 170 万 t 的电子垃圾无法得到无害化处置，远远高于高方案情景。

8.3　快递、外卖包装垃圾预测

8.3.1　快递、外卖包装垃圾产生现状

快递、外卖包装垃圾是我国当前面临的日益严峻的环境问题之一。2016 年我国快递包装垃圾产生量达到了 625.6 万 t，较 2011 年增加了 552.2 万 t（图 8-4），年均增速 53.5%，根据国家邮政局《中国快递发展指数报告》，全国快递企业平均每天服务 2.8 亿人次，相当于每天 5 个人中至少有 1 个人使用快递服务；2016 年我国外卖垃圾产生量达到了 110.8 万 t，较 2011 年增加了 85.3 万 t，年均增速 34.2%，由于市场越发成熟、用户在外卖平台上多样化消费习惯的养成、全场景策略覆盖等原因，外卖垃圾的产生量也呈逐年增长的趋势。我国快递、外卖包装垃圾处理基本上跟随生活垃圾同步处理，处理方式包括填埋、堆肥、焚烧和再利用等。

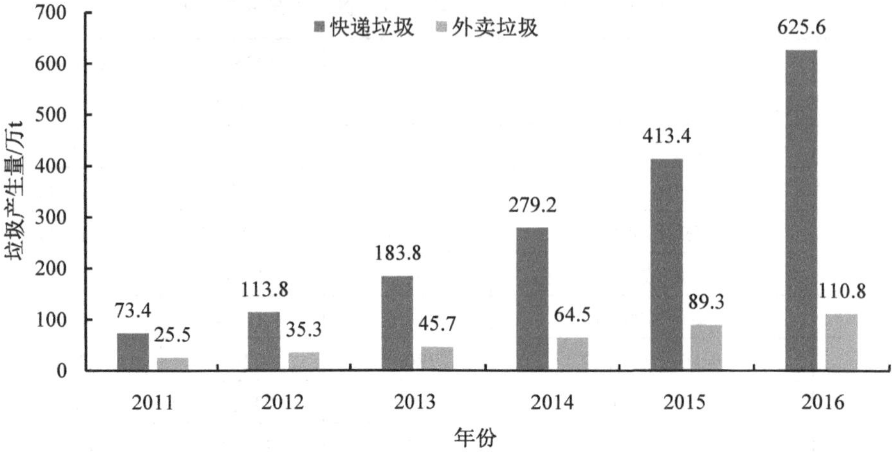

图 8-4　2011—2016 年快递、外卖包装垃圾产生量

数据来源：国家邮政局和艾媒咨询发布的信息。

8.3.2　预测思路与技术方法

8.3.2.1　预测思路与模型

首先，根据我国历年快递、外卖业务量数据预测 2020—2035 年快递、外卖的国内业务量，《国家邮政局 2016 年政府信息公开年度报告》《关于促进快递业发展的若干意见》（国发〔2015〕61 号）提到，2020 年，快递年业务量达到 500 亿件，随着互联网经济快速发展和电商快速崛起，业务量可能进一步扩展；根据各机构外卖发展研究，外卖市场规模增速放缓，2020 年，外卖市场用户规模达到 4 亿人，预测未来快递、外卖业务量见表 8-5。其次，预测未来快递、外卖垃圾无害化处理率以及填埋、堆肥、焚烧和回收等处理方式占无害化处理方式的比例。最后，预测得到简易处理量、无害化处理量和垃圾堆放量。

表 8-5　未来快递、外卖业务量预测

参数	2020 年	2025 年	2030 年	2035 年
快递业务量/亿件	778.35	1 253.53	1 599.86	1 854.68
外卖业务量/亿单	89.22	131.10	175.44	223.91

快递、外卖包装垃圾产生量的计算公式如下：

$$第\ i\ 年产生量=第\ i\ 年业务量\times每单业务的平均重量$$

注：快递和外卖每单业务的平均重量一般以 0.2 kg 计算。

根据快递、外卖包装垃圾的产生量，结合无害化处置率，计算得出处置量，公式如下：

处置量=产生量×无害化处置率×各处置方法所占比例

8.3.2.2　预测参数及方法

根据 2011—2016 年快递、外卖垃圾处理量测算，参考城市生活垃圾相关统计数据，2016 年全国快递、外卖包装垃圾无害化处置率平均为 90.9%，其中，卫生填埋、焚烧、堆肥的比例为 60∶38∶2。由于快递、外卖包装垃圾的特殊性，未来将逐步提高快递、外卖包装垃圾无害化处置率，特别是加大焚烧和资源化利用的比重，同时减少卫生填埋。预测到 2020 年、2025 年、2030 年、2035 年，高方案情景下无害化处置率分别达到 92%、95%、98%、99%；低方案情景下无害化处置率将分别达到 88%、91%、95%、95%（表 8-6）。

表 8-6　2020—2035 年快递、外卖包装垃圾处置利用情况　　单位：%

参数		2020 年	2025 年	2030 年	2035 年
无害化处置率	低方案	88	91	95	95
	高方案	92	95	98	99
卫生填埋率		55	50	45	40
焚烧率		42	46	50	54
堆肥率		3	4	4	5
资源化利用率		0	0	1	1

8.3.3　快递、外卖包装垃圾形势预测

预测结果显示，未来我国快递包装垃圾产生量将呈现快速增长趋势。2020 年、2025 年、2030 年、2035 年快递包装垃圾产生量将分别达到 1 556.69 万 t、2 507.07 万 t、3 199.73 万 t、3 709.36 万 t（表 8-7），焚烧处置将取代卫生填埋处置成为最主要的无害化处置方式。其中，2025 年、2030 年、2035 年分别是 2020 年所产生的快递包装垃圾的 1.6 倍、2.1 倍、2.4 倍。

表 8-7　快递包装垃圾产生量及处置、堆放量预测结果　　单位：万 t

方案	类型	2020 年	2025 年	2030 年	2035 年
快递包装垃圾产生量		1 556.69	2 507.07	3 199.73	3 709.36
高方案	无害化处置量	1 432.16	2 381.72	3 135.73	3 672.27
	卫生填埋量	787.69	1 190.86	1 411.08	1 468.91
	焚烧量	601.51	1 095.59	1 567.87	1 983.02
	堆肥量	42.96	95.27	125.43	183.61
	资源化利用量	0.00	0.00	31.36	36.72
	堆放量	124.54	125.35	63.99	37.09

方案	类型	2020年	2025年	2030年	2035年
低方案	无害化处置量	1 369.89	2 281.43	3 039.74	3 523.89
	卫生填埋量	753.44	1 140.72	1 367.88	1 409.56
	焚烧量	575.35	1 049.46	1 519.87	1 902.90
	堆肥量	41.10	91.26	121.59	176.19
	资源化利用量	0.00	0.00	30.40	35.24
	堆放量	186.80	225.64	159.99	185.47

高方案情景下，快递包装垃圾无害化处置量、卫生填埋量、焚烧量、资源化利用量都将呈逐年增长的趋势，到“十三五”末期（2020年），无害化处置量、卫生填埋量、焚烧量、堆肥量、资源化利用量和堆放量将分别达到1 432.16万t、787.69万t、601.51万t、42.96万t、0、124.54万t；到2035年，将分别达到3 672.27万t、1 468.91万t、1 983.02万t、183.61万t、36.72万t、37.09万t，堆放量进一步减少。

低方案情景下，快递包装垃圾无害化处置量、卫生填埋量、焚烧量、资源化利用量都将呈逐年增长的趋势，但堆放量处于波动状态，并未明显减少。到“十三五”末期（2020年），无害化处置量、卫生填埋量、焚烧量、堆肥量、资源化利用量和堆放量将分别达到1 369.89万t、753.44万t、575.35万t、41.10万t、0、186.80万t；到2035年，将分别达到3 523.89万t、1 409.56万t、1 902.90万t、176.19万t、35.24万t、185.47万t，需重点关注快递包装垃圾随意堆放的问题。

未来我国外卖包装垃圾产生量将呈现快速增长趋势。2020年、2025年、2030年、2035年外卖包装垃圾产生量将分别达到178.44万t、262.19万t、350.87万t、447.81万t（表8-8），焚烧处置将取代卫生填埋处置成为最主要的无害化处置方式。其中，2025年、2030年、2035年分别是2020年所产生的外卖包装垃圾的1.5倍、2.0倍、2.5倍。

表8-8 外卖包装垃圾产生量及处置、堆放量预测结果

单位：万t

方案	类型	2020年	2025年	2030年	2035年
外卖包装垃圾产生量		178.44	262.19	350.87	447.81
高方案	无害化处置量	164.17	249.08	343.86	443.34
	卫生填埋量	90.29	124.54	154.74	177.33
	焚烧量	68.95	114.58	171.93	239.40
	堆肥量	4.93	9.96	13.75	22.17
	资源化利用量	0.00	0.00	3.44	4.43
	堆放量	14.28	13.11	7.02	4.48
低方案	无害化处置量	157.03	238.60	333.33	425.42
	卫生填埋量	86.37	119.30	150.00	170.17
	焚烧量	65.95	109.75	166.67	229.73
	堆肥量	4.71	9.54	13.33	21.27
	资源化利用量	0.00	0.00	3.33	4.25
	堆放量	21.41	23.60	17.54	22.39

高方案情景下，外卖包装垃圾无害化处置量、卫生填埋量、焚烧量、资源化利用量都将呈逐年增长的趋势，到“十三五”末期（2020 年），无害化处置量、卫生填埋量、焚烧量、堆肥量、资源化利用量和堆放量将分别达到 164.17 万 t、90.29 万 t、68.95 万 t、4.93 万 t、0、14.28 万 t；到 2035 年，将分别达到 443.34 万 t、177.33 万 t、239.40 万 t、22.17 万 t、4.43 万 t、4.48 万 t，堆放量进一步减少。

低方案情景下，外卖包装垃圾无害化处置量、卫生填埋量、焚烧量、资源化利用量都将呈逐年增长的趋势，但堆放量处于波动状态，并未明显减少。到“十三五”末期（2020 年），无害化处置量、卫生填埋量、焚烧量、堆肥量、资源化利用量和堆放量将分别达到 157.03 万 t、86.37 万 t、65.95 万 t、4.71 万 t、0、21.41 万 t；到 2035 年，将分别达到 425.42 万 t、170.17 万 t、229.73 万 t、21.27 万 t、4.25 万 t、22.39 万 t，需重点关注外卖垃圾随意堆放问题。

8.4　主要结论与形势研判

（1）未来新能源汽车保有量仍将保持较快增长，其废弃电池处理压力较大

新能源汽车的废弃电池处理将是我国面临的新型环境问题。预计到 2035 年和 2050 年我国新能源汽车保有量将分别达到 9 080.9 万辆和 18 421.7 万辆，保有量巨大。新能源汽车保有量占汽车保有量比例发生明显增加，从 2015 年的 0.3%发展到 2035 年的 20.9%，在 2050 年增至 35.3%。目前电动汽车的铅酸电池、锂离子电池寿命较短，随着技术的发展，其寿命会延长。但是寿命期后，会迎来电池的大范围淘汰。这些废弃电池属于固体废物甚至是危险废物，给环保工作带来较大压力。

（2）未来电子垃圾问题将日益凸显，专业化拆解回收体系建设亟须加强

科技创新改善人类生活水平的同时也将产生大量电子垃圾。未来我国电子垃圾产生量将呈现快速增长趋势。2020 年、2025 年、2030 年、2035 年电子垃圾产生量将分别达到 1 147.06 万 t、1 364.11 万 t、1 575.83 万 t、1 728.74 万 t，其中，2025 年、2030 年、2035 年分别是 2020 年所产生的电子垃圾的 1.2 倍、1.4 倍、1.5 倍。从各种类型来看，家用电器仍然为电子垃圾的主要来源，其中以空调器电子垃圾产生量为最高。而手机和笔记本电脑虽然数量多，但从重量来看，是所占比重最少的电子垃圾。但电脑、手机、数码产品等新型电子垃圾相比以家用电器为主的传统电子垃圾，重金属等有毒有害物质成分含量更高，对环境危害更大，需要引起更多关注。未来针对电子垃圾需转变回收管理方式，建立更加完善的专业化拆解回收体系，从而最大限度地减少对环境的危害。

（3）未来快递、外卖包装废物产生量巨大，资源化利用体系亟须建立

快递、外卖的便捷提升了人们生活效率，同时也促使其包装垃圾的大量产生。未来我国快递、外卖包装垃圾产生量将呈现快速增长趋势，无害化焚烧处置将逐渐成为主要处置方式。2020 年、2025

年、2030 年、2035 年快递包装垃圾产生量将分别达到 1 556.69 万 t、2 507.07 万 t、3 199.73 万 t、3 709.36 万 t。其中，2025 年、2030 年、2035 年分别是 2020 年所产生的快递包装垃圾的 1.6 倍、2.1 倍、2.4 倍。对于外卖包装垃圾而言，2020 年、2025 年、2030 年、2035 年产生量将分别达到 178.44 万 t、262.19 万 t、350.87 万 t、447.81 万 t。其中，2025 年、2030 年、2035 年分别是 2020 年所产生的外卖包装垃圾的 1.5 倍、2.0 倍、2.5 倍。未来应大力推进“绿色物流”，加快建立资源化利用体系，提高焚烧和资源化利用等垃圾无害化处置比例，减少填埋比例，将能够显著提高我国快递、外卖包装垃圾处置效率和水平，降低资源浪费和环境污染。

第 9 章　生态环境智慧化形势分析与战略思路

近年来，随着我国经济的快速发展和人类活动的加剧，生态环境问题日益突出。我国生态环境保护工作在党的十八大以来受到高度重视。生态环境监管能力逐步增强，为建立科学、统一的污染减排统计、监测和考核体系奠定了基础，为改善生态环境质量提供了强有力保障。通过近几年的建设，生态环境监测预警体系初见成效，生态环境执法监督体系基本建立，生态环境管理基础设施逐步完善，生态环境监管水平大幅提升。当前，大数据、物联网、云计算、移动互联网、人工智能等新一代信息技术迅猛发展，在互联网、金融、零售、电信、公共管理以及医疗卫生等领域的应用已经取得了一定的成果。我国已开始在生态环境监管领域开展大数据、物联网、云计算等技术应用，为生态环境保护决策管理提供科学支撑。在这样的背景下，生态环境智慧化监管的需求越来越强烈，渐渐成为研究的重点领域。

9.1　现状与挑战

9.1.1　生态环境监管体制现状

（1）生态环境监管法治体系建设基本健全，但是部分法律规章相对滞后、法律效力不强

我国生态环境监管的法律法规体系主要由八大部分组成：一是《中华人民共和国宪法》的有关规定：“国家保护和改善生活环境和生态环境，防治污染和其他公害”；二是环境保护基本法，即《中华人民共和国环境保护法》（以下简称《环保法》）；三是生态环境保护单行法和相关法，如《中华人民共和国大气污染防治法》等；四是生态环境保护行政法规；五是生态环境保护部门规章；六是生态环境保护地方性法规及规章；七是生态环境标准；八是我国加入或签署的环境保护国际公约。2015 年 1 月 1 日，新修订的《环保法》正式实施。依据新《环保法》，国务院生态环境保护主管部门，对全国生态环境保护工作实施统一监督管理；县级以上地方人民政府生态环境保护主管部门，对本行

政区域生态环境保护工作实施统一监督管理。这样就构成生态环境保护行政主管部门统一监督管理与各有关部门分工负责相结合，中央级监督管理与地方分级监督管理相结合的管理体制。

虽然新《环保法》在制度和机制等方面有诸多创新，但由于其由全国人民代表大会常务委员会立法通过，缺乏对国土、农业、水利、林业等部门统一协调监管的立法基础，立法效力层级偏低，在整个法律系统中，不足以统领与之相关的其他部门的法律、法规，如《森林法》《草原法》《渔业法》《野生动物保护法》等，彼此之间存在协调性差等问题。另外，由于生态环境要素之间存在相互联系和相互影响，当发生跨部门的权责纠纷和跨区域、跨行业的矛盾时，生态环保部门的统一指导、协调和监督等职权不能得到其他部门的完全认同。而且存在一些领域的立法空白，比如核安全、环境监测以及“区域限批”等方面；对生态环境违法行为的惩罚力度较轻，形成“守法成本高、执法成本高、违法成本低”的局面；环境污染社会监督法律不健全，公民环境权益诉讼、环境损害赔偿和环境纠纷调解处理等规定尚不完善。

生态环境保护法律法规的滞后性，主要体现在与生态环境保护相关的法律法规、标准难以满足快速发展的社会经济以及快速变化的生态环境保护工作的需要。以生态环境标准体系为例，原国家环境保护总局制定的《环境标准管理办法》（国家环境保护总局令第3号），从1999年4月1日起施行。该办法设置的标准结构已不能适应现有的标准体系，甚至成为生态环境标准管理制度体系发展中的“瓶颈”。生态环境部于2019年发布了新的《生态环境标准管理办法》（征求意见稿），但是正式办法一直未发布。《大气污染物综合排放标准》（GB 16297—1996）引用了《环境空气质量标准》（GB 3095—1996）作为排污标准的制定依据，已经严重滞后于标准体系的更新，造成标准衔接的不匹配。

（2）生态环境监管已有统一、配套的制度，但是实施效果不理想

有效的环境监管需要科学和适宜的监管制度和工具。环境影响评价、排污费/税、总量控制、固定源排污许可和生态补偿等制度是国际上生态环境监管的有力工具，我国也已制定这些监管制度并应用这些制度工具进行监管。但是上述监管工具的实施效果并不理想。以生态补偿机制为例，我国还没有对生态保护补偿专门立法，2010年国务院曾将生态补偿条例列入立法计划，但至今尚未出台。相关法规及配套制度建设也比较滞后，缺乏法律依据和刚性约束。虽然一些地方政府出台了规范性文件，但权威性和约束性仍较弱。2020年4月，财政部、生态环境部、水利部和国家林草局联合印发了《支持引导黄河全流域建立横向生态补偿机制试点实施方案》，明确在2020—2022年开展试点，支持引导沿黄九省（区）探索建立横向生态补偿机制，推动黄河流域各省（区）共抓黄河大保护，协同推进大治理。该方案的出台，是完善生态补偿制度的重要进展。但是在实际操作层面，往往推荐以评估生态系统服务功能的损益作为测算补偿标准，受各种因素影响，不同研究团队计算结果往

往差异较大，且与各地实际支付能力和意愿背离较远，还需要制定统一的测算框架。

（3）生态环境管理机构已进行垂直监管改革，但是面临与属地的“两难”选择

现阶段，在我国生态环境监管领域，垂直监管和属地监管两种监管模式并行。在垂直监管模式下，中央通过派出机构对地方管理行为进行监督，生态环境部在全国范围内设立了六个区域派出机构——华东、华南、华北、东北、西北和西南生态环境保护督察中心，监督地方的环境保护工作。在属地监管模式下，地方政府是环境监管的责任主体，各级地方政府在生态环境部门设立省生态环境监察总队（局）、市生态环境监察支队和县生态环境监察大队，负责具体执行生态环境监管。

2016 年，中共中央办公厅、国务院办公厅印发《关于省以下环保机构监测监察执法垂直管理制度改革试点工作的指导意见》（以下简称《指导意见》），一些试点省份通过上收市县两级生态环境部门的环境监察职能，建立了专司“督政”的生态环境监察体系，强化对市县两级党委、政府及其相关部门的监督。2018 年 11 月，生态环境部印发《关于统筹推进省以下生态环境机构监测监察执法垂直管理制度改革工作的通知》，要求各地生态环境部门进一步提高思想认识，分类推进垂改任务，并明确了时间表。按照《指导意见》，“十三五”时期全面完成“环保（生态环境）机构监测监察执法垂直管理制度”改革任务。

但是我国垂直监管力量依旧薄弱。由于我国生态环境监管派出机构人数少、力量弱，对地方政府的生态环境监管缺乏管控力量；而且我国地域辽阔、污染企业等监管对象众多且分布复杂，如缺乏地方配合就难以开展工作。另外，我国属地监管执行不力。主要是地方政府为发展经济、保护企业，不断突破中央政府的政策底线，弱化环境监管职能；甚至部分地方政府为了追求狭隘的地方利益，不惜损害生态环境整体利益。地方政府部门间以职责分工为依据的生态环境监管，也造成地方政府生态环境监管形成“条块”分割局面，使生态环境监管体制破碎。此外，垂改也出现一些问题，主要是地方政府保护环境权责不明晰，在一定范围内增加了地方环保部门的工作任务量；改革后人、财、物均归省、市管理，导致各级政府在生态环境污染治理上的投入减少，削弱了生态环境保护资金投入的积极性。

（4）监管执法队伍建设已较为健全，但是基层效率低下、缺乏跨领域整合联动

当前我国生态环境执法队伍建设已经较为健全，截至 2017 年，全国环境监察人员共 94 929 人，环境监测人员 58 670 人。但是面对生态环境监管对象日趋复杂、范围不断扩大、任务日益繁重、社会关注度逐渐升高等诸多现实问题，常规执法手段将难以应对当前的监管要求；新时代要求环保监管执法人员同时具有法律知识和执法能力，而实际工作中，部分环保业务培训流于形式，对执法人员的考核手段过于单一，环境监管执法人员的工作能力和业务水平较低；对环境违法案件调查处理的程序不规范，执法质量难以得到保证。

基层生态环境监测执法机构特别是中西部地区的基层机构，缺乏快速监测的仪器设备，对瞬间排放的污染物难以及时取证，难以认定排放主体。即使能确定排放企业，由于没有证据也无法对拒不承认的企业进行执法。基层执法人员在对环境监测指标的仪器设备等使用方面，尚欠缺必要的技术储备与培训，严重影响执法能力的发挥；在新型污染物和突发生态环境事件方面，更是缺乏必要的应对知识与手段，严重制约了生态环境监管能力的整体提升。

生态环境监管涉及的各领域缺乏有效整合与联动。生态环境监管需要环境监测、监察、应急、信息统计、宣教等领域的信息数据和相互联动配合，但是目前这些领域在系统集成、信息共享等方面尚不能满足协同配合的需要。不同领域生态环境数据库共享度低，环境监测、污染源监控、环境执法、环境卫星等领域都在建设自己的数据库与应用平台，缺乏有效整合，造成资源浪费与重复建设，也给跨领域合作与信息共享制造了障碍。

（5）公众参与渠道明显拓宽，但有待继续增强

我国公众参与生态环境监督包括两个方面：一是协助监管机构监督污染对象，补充政府监管力量的不足；二是监督政府环境的监管及执法行为。“12369”是公众参与环境保护监督的有效途径。据生态环境部通报，2018 年，全国“12369 环保举报联网管理平台”共接到公众举报 710 117 件，同比增长 14.7%。全国微信举报量同比增长 93.2%，各地切实解决了一大批关系公众切身利益的突出生态环境问题。此外，我国的各种第三方环保组织也发挥了较大作用。

但相对而言，我国公众参与生态环境监督的反馈渠道仍较少，信息公开仍不足。首先，我国法律对公民在生态环境保护中的责任义务规定并不明确，也缺乏实际可操作性，这就使公众或民间组织在参与监督时缺乏法律依据。其次，信息公开不足，特别是政策制定过程、反馈意见处理过程及其采纳结果有时不对外公开，制约了公众参与的有效监督，或者处理结果离公众的期望仍有一定差距。政府的环境信息不透明导致了公众对很多生态环境问题不了解，造成公众无法参与其中或者不能及时参与。

党的十八大以来，在党中央、国务院的坚强领导下，我国环境治理力度前所未有，环境管理配套设施投入不断增加，环境信息化建设也迅速发展。因此，生态环境大数据建设也逐步提上日程。我国生态环境保护部门明确提出大数据、“互联网+”等信息技术应成为推进环境监管体系的重要手段。生态环境智慧化监管能够整合来源广泛的监测数据，促进数据共享，支持相关决策等优势，成为解决上述问题的关键。

9.1.2 智慧化监管逐步推广

生态环境智慧化监管的核心是“智慧化”，即大数据分析及其在生态环境监管中的应用。大数据

是以容量大、类型多、存取速度快、应用价值高为主要特征的数据集合，是从中能够发现新知识、创造新价值、提升新能力的新一代信息技术和服务业态。智慧化监管是一种创新监管手段，是传统监管向智能监管的转变。近年来，物联网和大数据等现代信息技术被广泛应用于生态环保领域。这些创新的监管手段以成本低、速度快、精度高的特点，解决了传统监管手段所不能解决的问题，极大推动了生态环境“智慧化”。

生态环境“智慧化监管”可以理解为，以生态环保为核心，将计算机信息技术、5G通信网络技术、自动感知与分析等高科技应用到各层级的生态环保监管领域中，有效解决环境质量监测、污染防治、核与辐射监测、突发环境事件应急管理等所面临的信息获取不全面、研判决策不及时、执法数据不权威等问题，从而提高我国生态环境监管执法水平。

一方面，物联网技术实现了对水、大气、土壤、声、生态等环境要素，特别是对核与辐射、危险废物和医疗废物等危险源的全方位监测。这种全面的监管能够更有效地判定监察执法与应急处置工作的执行状态与效果，更有效地辅助解决重点城市、区域和流域的重大环境管理问题。另一方面，生态环境大数据凭借其特有的数据体量大、结构类型多、价值密度低、处理速度快等特点，可以打造不同主体之间信息共享、行为协同、监督互促的数据平台。伴随大数据渗透到生态环境保护的各个方面，特别是以提高生态环境质量为核心的工作链条的各个环节，生态环境部门能够全面、准确、快速地掌握关于生态环境的具体数据；促使企业能够被动、透明、及时地将生产和污染的相关信息上传至大数据平台，在有关要求下对其进行奖惩，实现绿色发展；保障公众能够积极、主动、科学地将自己对环境的评价和诉求反映出来，通过大数据平台呈现在决策者面前。大数据技术和智慧化可以强化政府、企业、公众三方参与、加强生态环境监管。

9.1.3 智慧化监管全过程

生态环境智慧化监管应该存在于生态环境管理的各个步骤：智能感知、智慧传输、智慧分析和智能应用（图 9-1）。在物理资源及网络资源的基础上，采集整合所有生态环境相关的数据汇聚于大数据平台；在平台上实现对数据的分析挖掘，建立统一的中间件平台，将数据分析结果以服务形式提供给应用端，为上层具体应用提供统一、虚拟化的应用接口。

智能感知：主要是应用传感设备和技术，实现对生态环境信息的实时和智能获取，并通过有线、无线网络、移动互联网完成异构网络的信息汇聚。目前，最核心的生态环境信息获取渠道以在点、线、面源上运行的污染源在线监测系统为主。以此作为感知层应用载体的智能感知终端，可以通过标准化的传感器电子描述标签，实现对现场各类在线设备的自动适配，完成生态环境物理信息的获取。

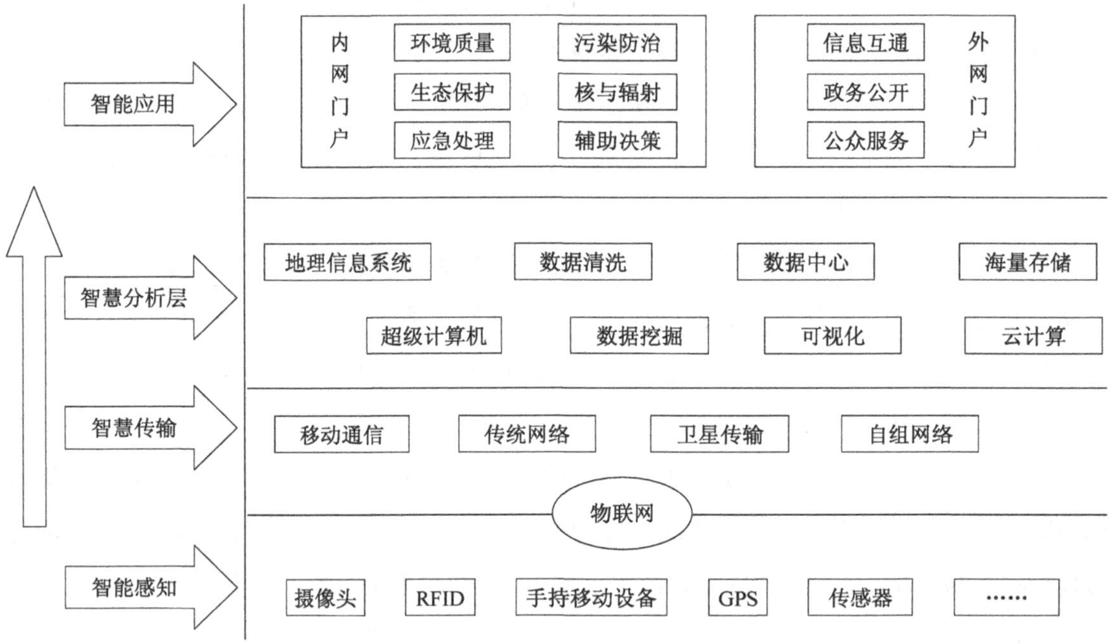

图 9-1 “智慧化监管”的结构层面

智慧传输：主要指生态环境大数据平台信息传输支撑技术。支撑层通过将互联网、短波网、卫星网等多种网络互相融合，将感知层采集的环境信息实时准确地传递至各级环保信息中心进行交互和共享，传送到信息处理层进行集中处理，实现更全面的互联互通。一方面将感知的生态环保数据进行清洗、压缩、聚集和融合，另一方面从云平台进行双向数据交换。

智慧分析：基于生态环保专有云体系架构，以云计算、虚拟化和商业智能等大数据处理技术手段，整合和分析环保及相关行业的不同地域、不同类型用户群的海量数据信息，实现大数据信息存储，进行数据深度清洗、过滤、整合和汇总，实现监管过程中的各类模型智能分析。借助云计算技术，不仅降低了硬件投入和维护成本，还通过集中式的监督管理，有效保证了系统的运行安全和有效性。

智能应用：主要是把感知步骤采集的信息，根据生态环境监管各业务模块的功能划分，进行智能化处理，建立面向对象的生态环境业务应用系统和信息服务门户，提供统一的应用展示平台，为公众、企业、政府等受众提供生态环境信息服务和交互服务。同时还包括对系统中涉及的各种设备进行状态检测和运行情况分析，对于可能出现的异常情况进行预判，保证系统的正常运行和对突发事件的应急处置。

越来越多的实践证明，在现有平台的基础上，逐步构筑起生态环境领域的物联网，推动生态环境智慧化监管，从而革命性地推动生态环境保护事业的历史性转变，对于提高环境与发展的综合决策能力、提升生态环境监管的现代化水平具有十分重要的意义。

9.1.4 智慧化监管的重要作用

（1）缩短监管响应时间

随着在线监测和遥感技术的推广应用，我国生态环境监测信息化取得了显著进展，监管方式从定期或不定期抽查、暗访、公众举报等人工监管，向环境监测器和监测网络的信息化监管转变。但是生态环境信息时刻都在变化，建立及时有效的生态环境监测预警机制、实现对生态环境信息的实时监测非常重要。智能传感器、视频监控和移动设备等工具的应用可以对环境进行 365 天×24 小时不间断监测，北京、天津、深圳等特大城市已经安装了高密度网格化的自动监测设备，改变了过去生态环境数据在时空分布上的分散状态，大大提高了监测数据的连续性和准确性。

但目前在实践中仍然存在一些突出问题：实时监测数据处理不及时，时效性不佳；生态环境数据库存储容量有限，各类数据库相互割裂，生态环境信息存储成本过高；对监测数据的使用基本停留在查询、检索和统计功能上，缺乏数据的分析处理和深度挖掘，潜在价值未能得到开发利用。因此，仅仅大规模安装设备进行实时监测是远远不够的，如何从实时监测数据中挖掘出有价值的信息，动态了解和掌握生态环境状况的变化，并做出即时响应才是解决生态环境监管问题的关键。

长远来看，生态环境智慧化监管平台具有强大的存储、分析和挖掘能力，能够将所有即时监测数据及各级地方政府的生态环境数据和社会媒体、专家学者、公众的各类数据纳入。依靠大数据技术能够实现从低价值密度的非结构化数据中挖掘出有价值的信息，并能利用大数据进行模拟仿真分析，帮助主管部门从纷繁复杂的生态环境数据中发现潜在的联系与规律，实现对实时监测信息的快速响应，为政策制定或责任追究提供现实依据。最后，将有价值的生态环境监管信息以数据化或图像化等简明易懂的形式实时公开，方便公众对政府的生态环境监管行为起到监督和约束作用，保障了生态环境服务功能的充分发挥。

（2）扩大监管覆盖范围

目前，我国生态环境监管没有做到国土面积全覆盖，主要集中于重点工业污染源和流域水质、区域空气质量的监测与监控，在空间覆盖上呈现碎片化特征，存在监管盲区和隐患。鉴于环境污染源和污染类型众多，只有准确把握污染源头，分清污染类型，才能采取科学有效的针对性措施。因此，生态环境监测体系应当实现全覆盖，形成“各级政府统一组织、环境部门统一协调、相关部门各负其责、社会各界广泛参与”的生态环境监管格局，从“碎片化”监管向全覆盖监管转变。网格化监管是近年来兴起的生态环境监管模式，旨在通过“属地管理、分级负责、无缝对接、上下联动、全面覆盖、责任到人”，建立“横向到边、纵向到底”的生态环境监管体系，实现对各自生态环境监管区域和内容的全方位和全覆盖管理。但网格化监管模式在实施过程中也存在网格划分过于简单的条块分割、各区域之间未能协同合作、监管成本过高等问题。

出现这些问题，一方面在于不同责任主体对于生态环境信息的掌握不齐全、利用程度不高，另一方面则在于不同网格之间缺乏联系和沟通。生态环境监管信息的协同采集、传输、甄别、挖掘和应用对网格化监管模式的顺利推行起到至关重要的作用。大数据技术可以为网格化监管的顺利实现提供强大技术支撑，依托环境智慧化监管平台有助于各网格管理员实时掌握各类环境信息，对所有污染物排放信息进行集中分析与处理，第一时间发现异常现象或行为，及时进行跟踪解决。此外，大数据管理平台不仅为网格的监管数据获取和信息研判提供了重要渠道，也为不同网格间的协同合作治理奠定了基础。以大数据技术应用为导向的网格化生态环境监管体系，能够让更多公众参与到生态环境保护中来，有助于建立环境监管空间全覆盖、污染治理协同化、公众诉求回应快速化的生态环境监管新机制。

（3）构建全社会协作监管模式

我国现行生态环境监管的主体是各级政府、生态环境部门及各类行政主管机构。各级生态环境部门是最主要的监管主体，扮演着生态环境信息监测、预警、奖惩等多重角色，是生态环境监管工作的实际执行者。当前我国提出了构建多元共治、社会参与的现代生态环境治理体系，明确要求生态环境监管的实施需要为公众提供便捷的参与渠道。以大数据技术为基础的环境智慧化监管平台的构建将为全社会参与提供便捷。在智慧化监管平台的支撑下，可实现生态环境信息的实时更新和公开，信息表达更为直观清晰，社会公众及不同主管部门可实时掌握生态环境状况。由此将司法、纪委、行政等多部门纳入监管体系中成为可能，这将改变地方政府生态环境监管的模式和行为，自觉履行监管职责。此外，在智慧化背景下，互联网、移动互联网等新媒体的广泛应用，信息传播渠道和公众参与方式更加多元化，信息源将不再受时空限制，更多主体可以通过微信、微博及社交网络等新型媒体发布各类生态环境信息，社会公众更容易融入生态环境监管全过程中。生态环境信息传播和应用的社会化与多元化，使政府与企业、环保公益组织乃至公众之间的关系趋向平等、互动与融合。

同时，新闻媒体和第三方等社会化监管力量的加入，改变了地方政府的单向监管方式，能够有效监督地方政府及生态环境部门对企业违规行为的庇护。由此，依托生态环境智慧化监管平台，生态环境监管由政府主导的行政性监管向全社会协作式监管转变。一方面，中央政府将生态环境目标下放到地方政府，地方政府又进一步下放给生态环境管理机构，由其行使生态环境监管职责；另一方面，公众、新闻媒体等社会性监督主体通过投诉、公益诉讼等形式对地方政府的生态环境监管行为和污染主体的污染行为进行监督，而纪委、法院等部门则行使立案调查、责任追究等职责。大数据技术和思维的应用，能够带来全社会协作式生态环境监管体系运行成本降低和监管效能提升。

（4）规范监管形式

生态环境污染主体和污染类型多样，针对不同污染源和污染类型的监督和治理，目前我国采取统一集中监管与部门分工监管相结合的方式，即由分管的发改、住建、国土、水利、农业等职能部门与生态环境主管部门共同完成。然而，由于各自的职责存在交叉、难以厘清，在实际执行过程中经常出现多头监管和监管缺位、错位、越位现象。此外，受“条块分割”的管理体制影响，长期以来我国生态环境监管所涉及的监测、监察、预警、应急、责任处罚等各项工作，由于分属地、分部门管理，缺乏监管信息共享和监管部门协调，容易造成监管资源浪费和监管行为失范，无法有效应对发生速度快、发生频率高的污染行为，对于并发污染多、跨区域污染等环境污染问题，更难以有效应对。迫切需要转变分散化监管方式为一体化协作监管。

一体化协作监管就是要统筹协调好生态环境监管的各项工作，实现无缝衔接，减少工作衔接过程中的信息失真和相互推诿，有效避免监管真空和监管资源浪费。实现一体化协作监管的核心在于对各类生态环境信息的共享，以及利用大数据生态环境智慧化监管平台，对各类污染信息进行实时监测采集、传输共享以及可视化，进行生态环境监管信息挖掘，实现信息在部门间、区域间、企业间、责任主体间的互联、互通和共享，改变传统的自上而下的线性管理模式，实现网络化动态、交互监管。此外，由于生态环境大数据共享，各主管部门之间及各区域之间可以依托生态环境大数据平台履行各自的职责，单一区域的线性监管向信息共享、资源共用、责任共担的跨业务、跨区域的协同监管转变，生态环境监管各个环节工作实现无缝衔接。

9.1.5　当前智慧化监管的问题

随着智慧化的发展，生态环境监管虽然在信息收集处理以及应用方面有了一定的提高，但是仍存在一些问题。

（1）缺乏全局性顶层设计

目前，我国的生态环境智慧化监管，主要是各业务主管部门从各自管理需要出发进行建设，从现有单个系统的角度看能覆盖一定的监管需求，但是缺乏顶层设计的全局性思维；而且从长远发展需要来看，缺乏科学合理的系统功能的长期规划，系统模块较多，扩展性和衔接性较差。

（2）环境监测基础设施不能满足现代信息化的需要

各地物联网生态环境监测相关基础设施水平不均衡，京津冀和沿海发达地区的监测点位布网较密，设施较为先进，远超中西部一些地区。在监测设备老化严重的地区，不但信息采集和传输受影响，而且设施需要过多维护，成本较高。基层生态环境监管缺乏移动式、便携式设备，也影响现代化生态环境监管能力的建设。

（3）部分智慧化平台系统“可用”但不“好用”

一些生态环境智慧化系统开发较早，部分功能无法满足最新的监督管理和科学决策的要求；部分系统没有根据新的环境标准和信息化建设要求及时进行功能和性能的升级完善，导致系统处于“可用”但是不“好用”的阶段，多数情况下的生态环境监管决策工作仍依靠“人力”，系统平台仅仅起到展示作用。

（4）信息孤岛现象仍然存在

智慧化与监管部门的融合集成体现在数据的公开和共享。但是现有的生态环境大数据分散在不同的业务系统中，平台功能模块以及各业务系统之间尚缺乏业务联动和数据互通。生态环境信息孤岛较多，无法实现信息资源的有效交换、整合和共享。造成这种现象的原因，主要是数据信息公开度不够，即使有部分环境信息主动公开，但是一般更新缓慢、可利用性较低；而且信息公开的规范性较差，各部门公开的数据在内容、格式等方面都有差异，导致在信息数据处理上存在问题；最根本的原因是统一的数据共享平台尚未建立，虽然生态环境部印发了《生态环境信息基本数据集编制规范》，为不同部门、不同地区采集数据的规范标准提供了重要依据，但是统一的数据共享平台始终未建立起来，数据共享还是不能被有效推动。

（5）多源异构数据融合处理还存在困难

海量的数据增长丰富了生态环境治理监管信息数据资源，但也增加了运用数据的难度。一方面，许多生态环境大数据来源于环境监测的物联网传感器、卫星遥感、视频影像，以及文本、图片等，如何将这些多源异构数据转换成合适的格式和类型，并将这些数据应用于环境监管，仍在不断探索；另一方面，如何将海量的生态数据进行整理、分析和交叉对比，从数据中挖掘出有效信息，从而形成有价值的生态环境监管决策，能为环境监管者提供有价值的信息才是需要着重探索的，也是当前生态环境智慧化监管面临的重大挑战。

（6）智慧化环境监管需提高执法人员素质

一方面，智慧化环境监管信息更加公开、透明，提高了信息共用的能力以及政府间合作和办事效率，但是公众对于生态环境问题的广泛参与，也增加了生态环境监管部门的工作量，对公众反馈问题进行实时跟进，也对政府部门的工作效率提出更高的要求。另一方面，“智慧化监管”的应用也带来新的设备、新的科学技术应用，对环保监督部门的人员素质提出新的要求，基层环保监管部门的执法人员对于生态环保智慧化监督管理的信息化和技能知识的掌握至关重要。

9.2　总体建设思路

9.2.1　指导思想

以习近平新时代中国特色社会主义思想为指导，全面贯彻党的十九大和十九届二中、三中、四中全会精神，深入贯彻习近平生态文明思想，认真落实党中央、国务院决策部署，坚持“支撑、引领、服务”基本定位，以科学化、精准化、法制化为目标，全面深化生态环境监管体系和制度创新，推进环境质量、生态质量和污染源全覆盖监管，系统提升生态环境监管现代化能力，为构建现代生态环境治理体系奠定基础。

9.2.2　发展目标

总体目标：制度保障方面，加快完善环境监管的法律法规体系建设。推进生态环境司法建设常态化、规范化和专门化；深化生态环境监管体制改革，加强智慧化能力建设，重塑生态环境监管组织体系；完善生态环境监管问责机制，以生态环保督察推动形成地方政府环境守法新局面；优化生态环境监管程序，坐实监管程序中关键环节，利用大数据区块链技术强化生态环境司法取证存证过程。

基础设施建设方面，建立“水陆空”立体式全覆盖监测网络。统一规划、优化环境质量监测点位，加强走航车、小微站、超级站和卫星遥感、无人机等环境监测物联网的建设，充分考虑加快 5G 技术在生态环境领域的应用，实现生态环境监测信息集成共享，尽快形成天地一体化的生态环境监测体系。

智慧化平台建设方面，建立生态环境大数据管理系统和生态环境智慧化监管平台。建设和完善全国统一、覆盖全面的实时在线环境监测监控系统，加快生态环境大数据管理系统建设；全国进入以数据的深度挖掘和融合应用为主要特征的智能化环境治理新模式，为经济社会发展与生态环境保护重大政策等提供全面准确的数据与决策支撑。

具体目标：经过 5～10 年，在现有监测体系的基础上，完善生态环境监测网络，加密现有生态环境地面监测站点，加强走航车、小微站、超级站和卫星遥感、无人机等监测能力，建立政府主导、部门协同、企业履责、社会参与、公众监督的监测格局。制定起草《生态环境监测条例》，通过条例的制定，进一步明确生态环境监测的法律地位和作用，明确各级各类生态环境监测机构的权利与义务，进一步强化各级生态环境监测机构的法律责任。落实“数字+生态环境监管”实际应用，进一步深化提升基于“生态云”平台的网格化监管、企业环保档案等治理方式的应用研究，实现利用生态环境监管大数据开展环境形势综合研判，满足污染源自动监控、自动锁定污染源头与执法，加强环境应急管理、提高事故预警预测与应急处置能力，尽快形成监管智能化、执法程序化、多方参与的生态环境治理体系。

9.3 重点发展方向与任务

9.3.1 智慧化监管的发展方向

（1）监测感知技术研发

生态环境监测及其数据信息是监管执法的基础，需要建立生态环境物联监测网络，实时采集污染源监控数据、水环境质量监测数据、空气质量监测数据、噪声数据等，特别是需要对重点地区、重点企业实施监测，对各种环境信息进行分析，为监管执法打好基础。“智慧化监管”是在原有生态环境监测系统的基础上，借助物联网技术，把感应器和监测装备嵌入各种环境监控对象中，通过现代信息传输网络，借助超级计算机和云计算将生态环境领域物联网整合起来，实现生态环境监测、监管业务系统整合，以更加精细、动态和实时的方式实现生态环境管理和决策的“智慧化”。由此可见，“智慧化监管”是现有生态环境监管系统的拓展和升级，是信息技术进步的必然趋势。

随着通信技术的快速发展和物联网关键技术的突破，物联网技术在重点污染源自动监控系统、环境质量在线监测系统等环保领域得到应用。国外较早开展环保物联网方面的应用，如美国开发了实时监测城市环境污染数据的“City Sense”监测系统，欧共体开发了 ECUIN 环境信息综合管理软件。这些系统集成多种生态环境信息，可以运用各种数理模型对系统收集和整理过的环境信息进行统计分析。我国的环保物联网建设经历了不同历史阶段，“十一五”期间大规模地开展了污染源自动监控网络的建设，国家级、省级、地市级网络的建设大大推动了环保物联网的发展；“十二五”期间，随着云计算技术的应用和产业化，我国的环保物联网进入新一轮发展高潮。

应用物联网创新生态环境监控系统建设已成为我国现阶段巩固污染减排成果、加强生态环境监管的有效手段。2018 年，祁连山自然保护区已运用卫星遥感、航空遥感和地面监测等技术手段，构建了全面、完善的生态环境信息监控系统和智慧水务监控系统的建设试点，及时发现和准确反映了生态环境质量状况及变化趋势、污染源排放状况、潜在生态环境风险，消除了监测盲区、盲点，增强了生态环境的综合管控能力。昆明市也充分利用“互联网+”，整合高清卫星遥感数据，积极探索滇池流域水环境治理；利用无人机对滇池主要入湖河道、集中式饮用水水源地以及污水处理厂进行低空航摄，为滇池流域水环境精细化管理提供技术支撑。

（2）信息处理的云平台建设

生态环境智慧化监管系统平台建设，并不是简单地应用云的概念，而是从底层硬件的云化开始的一体化建设。智慧化生态环境监管的技术核心为云技术，其中包括基础设施、应用平台、应用软件三个层次的云化服务。搭建生态环境监管云平台，可以形成覆盖国家、省、市、县的新型生态环境管理信息化网络体系，同时也形成了覆盖全国生态环境业务的“神经网络”，是当前“数字环保”的延伸和信息化辅助管理的有效手段。各类生态环境业务（环境监察、在线监控、排污收费、总量控制等）、算法（排污费核算、在线监测系统数据有效性判别等）、管理规范（法律法规、标准规范、管理经验等）等统一集中部署，而各级环境管理部门不需要再单独架设相关的软硬件和网络系统，不仅有效地解决了有些地方尤其是县一级环境管理部门没有足够的信息化建设资金和能力的问题，也通过云服务形成了环境管理制度规范，促进了业务能力的快速普及和应用；各级监管部门在充分享用环保云提供的基础设施、平台软件等集约化、标准化、共享式服务的同时，可以利用环保云提供的“知识云”实现各级环境管理的相互学习，从而带动新的环境管理制度、规范等的产生和环境管理水平的全面提升。

（3）生态环境管理决策应用

经云平台信息处理后，系统将各种不同种类的生态环境信息和污染源排放信息相互结合，进行信息科学分析，并且提出具有针对性的环境问题的解决措施。例如，在应急管理方面，可以分行业对各类突发环境污染事故建立针对性强的应急处理方案，保持与生态环境专家的信息互通和远程交流；同时可以借鉴其他地区类似事故处置的成功经验，帮助现场处置人员快速找到事故处置方法，及时控制环境污染程度和发生环境次生事故的风险。在污染溯源管理方面，江苏省常州市进行了较好的应用，2018 年，武进区锡溧漕河分庄桥断面总磷指标多次异常波动，生态环境部门初步判断可能是过往船只倾倒污染物所致，海事部门负责对近期通过锡溧漕河的液体运输船只数据信息进行筛查，公安部门结合 GPS 轨迹，经过“水、陆、空”拉网式排查，运用大数据技术进行分析，进一步缩小可疑船只范围，最终成功锁定了犯罪嫌疑人。由此可见，生态环境智慧化监管将环境监测、预报报警、应急处理等系统进行整合，提高了生态环境决策管理和应急处理的速度，不断进行生态环境治理体系能力的提升。

9.3.2　谋划智慧生态环境的顶层设计

加强总体规划和顶层设计。围绕生态环境监管工作需要，站在生态环境保护全局的高度，通过对关键数据和应用的接入和有效整合分析，从提高跨地区、跨部门的生态环境监控与共享处理能力出发设计应用系统，将建设项目管理、排污许可证管理、环境监察管理、环境监测等环境监管业务纳入数字化、规范化、动态化监管系统，从而提高监管效率和执行力。完善数据公开和平台开放共享的法律保障机制，规范公众参与环境影响评价的形式，增强公众参与环境影响评价的有效性。将生态环境智慧化监管人才引进、培养与培训等费用纳入地方政府年度财政预算，切实发挥能力建设效益，真正形成生态环境监管能力。

加强基础能力建设。进行硬件升级，进一步增加自动监测点位，使用低功耗监测仪器、低维护的污染源实时监测系统；建立生态环境统一建设、统一监管、统一使用的“一体化”自动监控系统，加强空气和水环境的自动监测体系建设，完善生态环境质量监测管理，推进数据的自动采集，强化污染源监测能力。利用物联网等技术，开展基于“生态云”平台的网格化监管、企业环保档案等应用研究，建立网格化监管系统，尽快形成监管智能化、执法程序化、多方参与结构化的生态环境治理体系。建立网格化生态环境监管平台，构建数字化、信息化的数据库，同时推进视频监控应用，以提升智慧化生态环境监管效能。

建立区域协作机制。通过生态环境智慧化监管平台建立各区域间协作，实现区域间及区域内各部门信息交流和共享。在云平台上整合环境影响评价、环境监测、污染源监控、环境执法等数据信息，加强联动。在生态环境监管流程方面，构建基于云计算的生态环境监管电子政务公共平台，集成各类环境监管业务应用功能，完善生态环境监管业务协同联动及其一体化技术支撑。同时加强对数据质量的监管，谨防数据造假，打破监管过程中数据共享与协调的难题。

9.3.3 建设智慧生态环境监管体系

9.3.3.1 打造一流的生态环境监管和服务平台

打造一流的生态环境监管平台。按照统一规划、统一标准、统一环评、统一监测、统一执法要求，建设不同层级生态环境监管平台，实施生态环境监测的统一规划、布局、监测及生态环境信息管理发布，推动形成区域生态环境治理新格局。

打造一流的生态环境监管服务平台。以智慧环保护航“智慧城市”建设，构建以广泛准确的多源环境数据获取能力、快速有效的数据传输能力、智能的信息分析处理能力、综合性的辅助决策与管理能力为支撑的智慧环保体系。依托覆盖大气、水、土、生态、噪声、辐射、固定源、移动源、风险源等全要素、全方位、智能化的生态环境监测监控体系，高标准建设“智慧环保”生态环境大数据中心，实现生态环境信息资源高速、无缝、可靠的传递与使用，为政府、企业、社会公众提供智能化、可视化、便利化的生态环境综合信息服务。

9.3.3.2　建立智能化生态环境监测网络体系

建立全方位、智能化大气环境监测网络。各地根据需要，增加国家城市空气监测点位，增设激光雷达监测站点，布设构建国家空气质量监测超级站，实行全方位、立体化大气环境监测。布设移动车载式空气污染监测传感系统，依托城市基础设施智能化、多功能感知系统建设，构建全面广泛的城市大气环境智能感知网络体系。开展大气污染物的快速源解析与精准源识别，建设环境空气质量预测预报平台，实施精细化空气质量综合预报预警。

建设高效精准化水环境监测预警系统。统一规划、建设完整的地表水、地下水、饮用水等环境监测网络，加密建设重要河流水体断面的自动在线监测设施，完善水环境在线监测和上游流域污染源监控体系，实现水环境质量精准化监测和环境安全监控预警。开展跨行政区河流交界断面及百姓关注的河流水系水质与主要污染物通量实时监控。建设覆盖所有饮用水水源地的自动监测系统。

建设天地一体化生态遥感监测系统。建设地面生态观测站，利用卫星遥感、无人机、无人船等建立天地一体化的生态遥感监测系统，开展生态保护红线区域动态监控。建立健全土壤环境质量监测网络，以耕地、饮用水水源地、污染地块、大型交通干线两侧等为重点科学布设、加密设置土壤环境监测基础点位和风险点位，建设辐射环境自动监测网络。

9.3.3.3　构建智慧化生态环境监察执法与应急体系

建立高效独立的生态环境监察执法体系。着力加强各地生态环境监察执法机构装备和队伍建设。强化网格化监控、自动监控、卫星遥感、无人机、物联网等先进技术监控手段的运用，建成“硬件先进、软件出色、数据易得、管理智能、执法高效”的环境监察执法信息化体系，促进环境监察执法基础信息数据共享。拓展环境违法行为监督渠道，开展阳光执法。

强化污染源网格化智能化监管。依托排污许可证对重点污染源实行在线监控，实现重点污染源的自动监控预警和智能化处置。固定监测和流动监测相结合，构建区域机动车污染遥感监管网络，建立机动车排污和道路交通污染监控平台。建立覆盖所有污染源的网格化监管平台，实施污染源监测与执法联动。建设污染源和污染要素动态数据库，构建环境监管地理信息平台。

建立完备的生态环境预警应急体系。加强生态环境态势分析与模拟仿真、资源环境承载力监测预警和环境风险预警。建设区域性生态环境应急设备库，强化危险化学品、危险废物等应急响应能力建设，提升应急装备水平和处置能力。强化智能化生态环境应急处置建设，建立生态环境监管与城市交通、物流、能源等互联互通、协同互动机制，强化各部门应急信息共享和救援体系衔接，加强与周边区域的资源共享、应急联动。

9.3.4 强化污染源智慧化环境监管

建立污染源智慧化环境监管系统。利用现代化技术和信息化技术，在重点污染源在线监控系统基础上，建立工业企业智慧化环境监管系统，将历史的、现在的和将来可能的所有与企业环保相关的基础数据、日常业务数据、辅助数据等按照企业环保业务自身的生命周期进行归类，实现数据整合与共享，可以打破地域与时间限制，实时监控企业污染排放情况和污染治理设施使用情况，有效打击企业违法排污行为；节省执法人力资源，同时监管多家企业，全面提升企业监管效率。

建立监管部门、企业、公众的沟通和参与。生态环境管理部门应加强智慧化监管平台体系的架构，以覆盖全面、全程管理为目标，建立各工业企业污染源的全过程业务参与及信息管理。以决策分析和业务流转为核心，建立实时监控、数据共享、业务流转、预测预警、科学决策和服务功能一体化的全过程动态监管服务平台，增加与企业的沟通交流。政府信息公开和公众参与，利用智慧化监管平台，及时、准确地公开监测数据，加强公众参与与监督，构建一个透明的多方参与的新型企业生态环境治理机制。

9.3.5 加强突发性环境污染事件智慧化监管

建立突发性环境污染事件智慧化监管机制。各企业和相关单位应加强应急能力的有效组织、突发污染事故应急处置和综合监管防控能力和应急物资储备；提高应急预案的实用性和可操作性，提高事故发生后不同阶段针对不同特征污染物的处置技术水平。加强环境信息基础设施建设，完善环境应急监测和预测预报体系，建立责任分明、信息畅通、反应迅速、执行有力的事故应急体系。地方监管部门构建涵盖本地区各行业重点风险源的基础信息和各单位应急资源与能力信息的数据库，对各风险源和应急能力进行评价，通过各风险源风险等级分析和应急能力评估，有效识别和管理风险源，提出风险防控措施，提高应急组织防控能力、为生态环境风险源监管体系提供决策支持。

建立风险物质的监测监控系统。建立风险源的常规监控机制，逐步完善企业在线监测系统，将远程监控网接入企业内部监控，针对剧毒等风险物质实施自动监控，提高快速预警和反应能力；针对风险源特征污染物，在排放口和总排口定期进行监测，在城市污水处理厂进水口以及风险源单位聚集区河流下游临近断面开展定期监测。针对环境风险事故，使用小型、便携、简易、快速的监测仪器和装置开展应急监测，及时掌握污染物的类型、数量、浓度、污染范围和可能的危害，对事故的发展趋势做出正确的预测，为及时、正确地处置污染事故和制定应对措施提供科学依据。

基于现代信息技术构建多部门、多企业的统一监控平台。构建包括安监、消防、生态环境、医疗救护、交通、质检以及相关企业在内的统一监控平台，对风险源实施自动在线监控，实现数据采集、查询和污染监控一体化，进行信息的及时共享、交换和联系，使各部门及时掌握风险物质状况，及时发现、发布信息。对于固定风险源提供远程服务，以监控突发事故、及时报警。对于移动风险源，采用集成的 GPS 和车辆行驶安全信息记录技术，对其实施实时动态监控。此外，可强化企业的责任感，提高企业风险信息化的管理水平，提高企业自救能力。

第 10 章　建设美丽中国的战略思路与重点任务

党的十九大报告提出，中国特色社会主义现代化建设的新目标，到 2035 年基本实现社会主义现代化，生态环境根本好转，美丽中国目标基本实现。在“基本实现社会主义现代化”目标下，我国在 2025 年前大概率将摆脱“中等收入陷阱”，到 2035 年，GDP 将近 200 万亿元人民币，人均 GDP 约为 2 万美元，稳步进入世界发达国家行列，大致相当于届时美国人均发展水平的 60%。中国将从欧美发达国家追赶者转变为竞争者甚至在某些重要领域的领头者，中国科技水平的快速提升将逐渐缩减与发达国家的差距。以智能技术和信息技术为核心的未来科技发展将逐渐应用到各行各业，促进中国传统工业、农业逐步向高端智造业和现代化农业转变，借助中国完整的产业链体系以及人口基数，实现良性自循环升级。另外，相关研究表明从现在到 2040 年前后，将是新科技革命孕育发展的关键时期，人工智能、量子计算、自动驾驶、量子通信、5G、物联网等智能基础设施以及可燃冰、储能技术、新能源汽车等能源领域重大技术攻关正在带来世界发展格局的深刻变化，将极有可能改变中国未来能源使用方式，乃至生产生活方式。上述改变都将对中国生态环境保护产生革命性影响，甚至从根本上解决煤炭燃烧、机动车尾气等传统污染问题。

同时，我国生态环境保护仍然面临国内外形势的极大不确定性，这些不确定因素给生态环境保护工作带来极大的风险和挑战。基于前面的预测分析结论，本章一方面从宏观角度提出未来生态环境保护面临的十个方面的不确定因素与挑战；另一方面，梳理未来科技进步对生态环境保护的促进作用，并针对主要领域提出中长期战略思路、重点任务和生态文明治理现代化的制度创新需求。

10.1　识别建设美丽中国面临的不确定因素

根据已有研究和评估，笔者认为在现有经济发展趋势和生态环境保护管控措施情况下，到 2035 年，生态环境质量根本好转的目标可以实现。但是，考虑到离 2035 年还有 15 年之久，在经济、能源、技术、国际等方面存在诸多不确定因素。因此，对各种不确定因素的深入分析有利于做好研判、未雨绸缪，更加稳妥地推进美丽中国目标的实现。

（1）自然气候条件：全球气候变暖和极端气候的频繁出现

当前，全球气候正经历着以变暖为主要特征的变化过程，导致风速下降、热辐射加剧、降水量分布不均、海平面上升、气象极值事件频发等一系列问题。据相关预测，未来全球气候变暖的趋势不会改变、极端气候发生的概率继续增大。一方面，全球气候变化可能对我国水环境改善起到负面作用。全球变暖导致水体蒸发量加大，降低河流水体溶解氧浓度，加重水体富营养化；全球变暖引起极端性强降水事件、旱涝交替灾害性事件增加，降雨分布差异大，改变污染物迁移转化和水体稀释能力。另一方面，全球气候变化导致极端气象直接影响我国秋冬季雾霾发生。全球气候变化导致的气温升高、气旋减少、降水频率降低等对空气污染的形成、传输、沉降等产生重要影响，特别是增加近地层 O_3 和 PM 浓度。据监测数据发现，近 50 年中国年均风速都在显著减小。2013 年 1 月，东亚冬季风异常偏弱是我国持续性雾霾天气发生的重要自然因素，2015 年冬季，强厄尔尼诺事件加重了京津冀地区的雾霾。因此，未来自然气候条件是建设美丽中国面临的最大不确定因素。

（2）国际形势：严峻复杂的国际形势变化和中美贸易博弈竞争

当前及未来，新冠肺炎疫情以及西方左翼思潮蔓延给经济全球化带来极大挑战，中国将承受逆全球化带来的负面影响，使供给侧结构改革步伐有所减缓。从生态环境来看，可能导致经济转型升级面临的不确定性加大，制造业环境成本有可能加大。同时，随着中国经济崛起，与西方发达国家由合作转向竞争甚至出现对抗的风险逐渐加大。中美之间大国的博弈阶段已经全面到来，对中国现有发展模式提出了严峻挑战，美国未来以“贸易战”来打击中国高科技产业的发展，可能在一定程度上阻碍中国掌握低碳化、信息化、智能化、绿色化的核心技术，中国在未来环境治理中有可能无法全面利用发达国家先进的绿色、低碳科技。但中美竞争博弈在某些程度上有利于倒逼中国企业自主创新及加速国产替代进程，促进我国加速淘汰落后产能、自主研发高效环保技术和绿色节能产品。

（3）经济转型：经济结构转型升级面临内外部挑战，生态环境保护与经济社会协调发展仍是重大难题

据预测，我国将在 2035 年之前跳过“中等收入陷阱”，进入中等发达国家行列。从人均 GDP 上看，2035 年我国人均 GDP 将达到 3.15 万美元，有望基本实现社会主义现代化。在这期间，经济结构实现根本转型是实现社会主义现代化的前提。在国内外复杂形势下，我国经济结构转型的前途是光明的，但过程也将十分曲折。其中，三次产业结构比例如何发展？欧美发达国家以第三产业为主导的产业结构是否适合中国国情？保证完备的制造业体系是中国未来实现现代化大国的基础，也同样是我国环境问题的主要来源。在末端治理潜力下降的情况下，产业结构调整和技术进步将成为未

来污染减排的主要驱动力。但是，在保证经济稳定增长的前提下，全社会能否忍受产业结构调整升级的“阵痛”也是未来的棘手问题。如当前淘汰落后产能、“散乱污”治理以及加大环保执法力度等措施确实带来了显著的环境效益，但这种“刮骨疗伤”式的铁腕治污手段也受到一些经济发展部门、地方政府以及企业的质疑和不理解，将经济“阵痛”当成“长痛”，将环境保护“优化”经济发展当成“阻碍”经济发展。如何在经济转型升级过程中，协调环境保护与经济发展的关系，发挥环境保护的促进作用是实现美丽中国面临的难题。

（4）能源结构：我国以煤为主的能源结构仍将是大气环境治理的重大挑战，期待颠覆性能源技术带来环境改善的机遇与红利

随着经济的快速发展和人口的继续增长，我国能源消费仍将继续增加，据预测，2035 年我国一次能源消费总量将达到 55 亿 t 标准煤，非化石能源消费比重在 20%以上，我国以煤炭为主的能源消费结构短期内难以彻底改变，将给大气环境改善带来巨大的压力。随着我国经济的持续增长，保障能源安全是未来需要面对的重要问题。由于调整能源结构在一定程度上受到能源资源储量的制约，提高能源利用效率又面临着技术和资金上的压力，使我国控制大气污染及减少 CO_2 排放面临极大难题。另外，突破性、颠覆性能源技术有可能在未来 10～20 年内出现，可为我国面临的能源及大气环境难题带来转机。如煤炭高效清洁化利用技术的突破，可以改善我国煤炭带来的污染问题；储能技术的突破将有利于全面带动中国风能、光伏能源的高效利用和发展；充电式、氢能以及混合动力汽车技术的突破将全面改善我国各类型城市中机动车带来的空气污染。互联网与分布式能源技术、智能电网技术与储能技术等智慧能源技术的创新也将推动我国能源利用向更加高效和绿色的方面发展，我们期待未来颠覆性能源技术的实现。

（5）社会影响：人口老龄化与城镇化带来的生态环境潜在挑战

据预测，到 2035 年我国总人口将达到约 14.5 亿，人口老龄化形势将进一步加剧，老年人口由 1.86 亿增长到 3.09 亿，开始过渡到中度老龄化社会。人口老龄化将通过降低劳动生产率而影响到生态环境质量的改善。我国有着规模庞大的流动人口，2017 年为 2.44 亿人，未来流动人口将进一步增加，这些人口何去何从直接影响未来我国生态环境的空间布局，将产生污染集聚和生态退化等系列问题。随着人口转移和城镇化的发展，生态环境治理压力将加大。预计到 2035 年，我国城镇化率将由 2017 年的 58.5%增至约 70.0%，新增城镇人口 2.0 亿以上，将进一步加大对能源、水资源、土地资源以及原材料的需求，带来较大的生态环境压力。

（6）农村环境：乡村振兴与农村空心化背景下，全面提升农村环境治理水平面临较大挑战

随着农村的发展，农村人均垃圾产生量及垃圾成分日趋接近城市水平，但农村地区环境基础设施建设相对城市地区严重滞后。与此同时，随着农村种养业的快速发展，人、畜、禽粪便和农作物

秸秆产生量剧增。农村环境面临点源与面源、生产和生活、外源性和内生性污染共存的局面。城市污染企业出现向农村转移的趋势，污染企业“上山下乡”现象突出，进一步加剧了农村环境问题。我国农村环境保护仍然存在环境基础设施运行维护资金难落实、管护人员不足、管理制度不健全等问题，将阻碍农村环境的改善。由于农村的生产生活分散，各类污染物集中处理难度大、成本高。尽管近年来我国加强了农村环境整治力度，但治理赶不上污染，生态环境仍在恶化。因此，农村环境在未来相当长一段时间内，仍是我国生态环境质量根本改善、美丽中国目标基本实现的绝对短板。

（7）技术革新：未来强有力的工业技术革命带来的科技进步将为生态环境治理带来机遇，但技术革新与应用面临诸多不确定性

当前，全世界正处于以人工智能、机器人技术、量子信息技术、虚拟现实以及生物技术为主的第四次工业技术革命前夕，毫无疑问，中国有可能成为第四次工业技术革命的主导者和主要受益者。科技进步对环境治理具有“四两拨千斤”的作用，研究显示，我国科技进步对COD和SO_2减排的贡献率分别可达60%和45%。到2035年，各类层出不穷的科技将直接或间接地促进美丽中国建设进程。工业 4.0 有可能彻底颠覆传统制造业，智能制造与智能工厂将在节约资源、优化工艺的同时带来显著的污染减排效益，甚至达到零排放；大数据、智能计算、无人机等科学技术的发展将极大提高环境监管执法能力、生态环境监测与预警能力；无纸办公、新能源汽车以及虚拟办公等生活方式的革新也将从消费端减少污染排放。技术革新虽然能为环境治理带来无限可能，但要认识到，从科技研发到全面应用可能需要漫长过程、成本昂贵。借助新技术实现美丽中国不仅仅是技术问题，同时仍然是一个系统性难题，需要有效的引导机制、健全的制度、严格环保法规的倒逼。

（8）污染形态：常规与新型污染物并存，实现生态环境质量根本改善复杂艰巨

生态环境面临多领域、多类型、多层面的问题累积叠加，传统煤烟型污染与O_3、$PM_{2.5}$、VOCs等新老环境问题并存，生产与生活、城市与农村、工业与交通环境污染交织。在大气方面，细颗粒物、VOCs 未见明显改善，O_3造成的大气污染日益加剧。在水环境方面，一些流域持久性有机污染物、抗生素、微塑料、内分泌干扰物等新型污染物增长较快，水环境质量面临进一步恶化的风险。在土壤环境方面，重金属、酞酸酯、抗生素、放射性核素、病原菌等各类污染物仍以多形态、多方式、多途径进入土壤环境，土壤环境问题呈现多样性和复合性的特点，使风险管控难度进一步加大。在生态方面，生态空间遭受持续挤压，部分地区生态质量和服务功能持续退化，生物多样性受到严重威胁，濒危物种增多。

（9）贫困与生态问题：污染防治与精准脱贫，同时打赢两场攻坚战是未来全面建设美丽中国、实现乡村振兴面临的重大问题

污染防治与精准脱贫是中央制定的两大必须打赢的攻坚战。相关研究发现，中国山区、林区、

沙区占国土面积近80%，分布着全国60%的贫困人口，且多集中在西部、西南部等自然生态环境复杂区域。同时，这些地区又普遍存在生态功能脆弱、基础设施薄弱、产业发展滞后、公共服务供给不足等问题，面临着消除贫困与生态保护的双重压力。特别是西藏、四省藏区、南疆四地州和四川凉山州、云南怒江州、甘肃临夏州等深度贫困地区，脱贫和污染防治的难度更大，是2035年我国要全面实现生态环境质量根本改善面临的最大挑战。预计到2020年，仍有约3 000万农村贫困人口需要脱贫。脱贫地区脆弱的生态系统和污染防治较高要求与脱贫产业发展需求之间存在显著的矛盾。如何协调脱贫产业发展、脱贫区域开发与生态环境保护的关系是全面推动贫困地区扶贫开发与生态保护相协调、脱贫致富与可持续发展相促进、打赢脱贫与污染防治攻坚战的重大问题，也是实现美丽中国重要的不确定因素。

（10）区域协调发展：我国区域发展的不均衡和生态环境问题区域性特征使得统筹全面解决各地区生态环境问题难度较大

我国地大物博，区域生产力布局、经济发展水平与自然资源禀赋反差巨大。例如，京津冀及周边6省市国土面积占全国的7.2%，生产了全国43%的钢铁、45%的焦炭、31%的平板玻璃、22%的电解铝，是我国资源环境与经济发展最为矛盾的地区。随着我国经济社会发展，东中西、南北等区域梯度差异更加鲜明，产业区域性转移特征突出，中西部地区处于工业化中后期，承接大量东部地区相对落后产能，污染企业向中西部地区、向城乡接合部、向农村转移趋势明显，加剧了这些地区的环境压力。全面统筹解决区域城乡生态环境问题难度较大，也为未来生态环境质量根本改善、基本实现美丽中国目标带来了较大难题和不确定性，需要高度重视。

10.2 把握建设美丽中国的技术发展态势

当今世界处于大发展、大变革、大调整时期，在生态环境保护方面呈现出新态势、新特征。发达国家环境科技由单项治理向可持续发展方向延伸，环境保护技术向深度化、尖端化方面发展，环保技术产品逐步普及化、标准化、成套化、系列化，新材料技术、新能源技术、生物工程技术源源不断地被引进环保领域。

（1）关注重点向人体健康和环境风险防控转变

发达国家在工业化高速发展时期，以酸雨和光化学污染为典型的空气污染和水污染问题十分严重，污染物源头控制技术成为环保科技研发的重点。20世纪80年代开始实施排污许可制度，推动了基于特定区域环境质量改善的多污染物控制技术研发，基本解决了常规污染问题，环境质量得到全面改善。21世纪以来，随着公众对环境质量要求日趋严格，复合型污染、人群健康风险、生态安全等成为环境领域研究的重点。更加注重探索两种及以上污染物的复合污染毒性对人类健康影响的机理机制，攻关环境污染物和化学品风险识别、评估与控制技术；吸收利用生命科学、物质科学新成果，开发过程高效、结果准确、物种本土化的全生命周期毒性测试、预测与影响评价技术；创新大气复合污染控制、饮用水安全保障、土壤生态修复的理论和方法，实施符合区域环境变化特征的健康风险防控策略等。

（2）更加注重解决复合性、系统性环境问题

环境科技发展呈现从单一要素研究向多要素的综合研究转变、从局部地区污染防治向区域尺度和全球尺度生态环境问题研究转变。发达国家的环境科学研究已进入以地球生态系统为对象的综合集成研究阶段。开展了天地一体化、多环境要素交互影响的区域生态系统研究，建立了高度发达的环境信息网络。从大尺度、长周期和非线性层面观察和探索水、土壤、大气、生态等要素对气候变化的响应规律与调控途径，在复杂生态环境系统中揭示人类活动造成的复合性环境变化对地球系统的影响机制。不断完善基于环境影响的生态学理论和技术体系，从生物、生态、化学、工程等多维视角全面揭示污染物对生态环境系统中敏感生物和生物群落的复杂作用机制。强调环境治理与生态修复实施方案的整体设计，针对水、土壤、大气、生态等多介质污染，要统筹协同控制，强化区域联防联治，显著提升环境治理效率及生态效益。

（3）逐步实现跨行业、多领域技术融合应用

随着生态环境保护工作的不断深入，分子技术、生物技术、新材料技术、信息技术、云计算和大数据等在环境领域的应用不断拓展和深入，推动发达国家突破了一批改善生态环境的关键性技术，促进了生态环境质量监控技术、预警技术和环境风险防控技术的创新发展。环境科技与新技术的不断融合进一步带动了环保产业大发展。构建从单元到整体的数字化环境，以跨行业的系统设计与多领域关键技术创新为支撑，不断提高智慧环境建设水平。将膜、光（太阳光）、电、磁、超导、超声等物理领域新技术成果进行深度开发，并在环境污染治理中进行实践创新。借鉴化学自组装、生物芯片、纳米材料、光电一体化等新技术，研制出具有更高选择性、更高灵敏度和更高准确性的新一代环境传感器。与无人机遥感技术融合，不断提高环境遥感技术的实时性和运行性。不断完善由遥感遥测、在线监测等构成的立体监测系统。在“互联网+”、大数据等领域新技术支撑下，不断提高多元异构环境信息传输网络、大数据存储与融合处理系统构建水平等，从根本上解决现有环境信息破碎化、局地化、平面化和不确定性等“瓶颈”问题。创新融合跨行业多领域技术，不断提升污染预警、质量预报和风险管理的准确性。

（4）推进绿色化、资源化循环利用技术进步

环境科技将绿色技术融入各行业各领域，从环境问题产生的根源采取措施，寻求可持续的生产

和绿色消费方式，促进环境与经济社会协调发展。将以污染物去除为目标的末端治理模式转变为清洁生产、循环经济引领的资源化、能源化模式。通过先进的生物、物理、化学、材料等技术将生活、工业和农业的废弃物绿色化、资源化转化为不同产业链条中的原材料或产品。深入研发废弃物资源化利用技术，增强高效、可靠的关键设备研发与应用的力度，不断提高污染治理与资源化利用的经济可行性。例如，以高新技术创新为支撑，研发光降解塑料、全生物降解塑料和光/生物双降解塑料；探索畜禽养殖废弃物的能源化、肥料化、饲料化等资源化利用技术。

（5）加大绿色技术创新研发与创新体系建设

一是推动国家创新战略绿色转变。深入实施创新驱动发展战略，“十四五”要把绿色发展作为国家科技创新、产业创新、企业创新、市场创新、产品创新、业态创新、管理创新“七大”创新的基础，增强绿色技术创新资源，实施绿色发展的国家创新驱动战略。二是形成国家绿色技术创新驱动力。加强制造业绿色技术研发，不断探索推进工业产品生态设计，推动绿色“中国制造 2025”。实现传统产业的绿色化改造，在重点行业推广先进、适用的清洁生产技术和装备。加强治污技术研发与科研成果转化。三是探索绿色产业链创新模式。建立资源循环、高效利用的绿色产业链创新工程。不断探索“互联网+”创新绿色产业模式。扶植培育再设计和在役再制造新兴服务型产业。整合金融机构、节能环保咨询服务机构、行业专家等资源，加快建立规模化、规范化、市场化的运作模式。

10.3 明确建设美丽中国的战略思路和任务

10.3.1 战略思路

在生态文明建设重大战略背景之下，“2020—2050”时期美丽中国建设总体战略思路为，树立“环境优先、生态文明”的战略思想，高度重视“2020—2050”时期生态环境问题的严峻形势及其后果，全面改革生态环境保护管理体制，提升生态环境治理体系和治理能力现代化水平。把改善生态环境质量作为“2020—2050”时期指导各项工作的基本衡量标准之一，在其他工作与环境保护要求有冲突的情况下，应服从环境保护的要求。着重改善国家生态环境执政方式，强化国家生态环境执政能力，实行从紧和严厉的生态环境政策，实现促进环境保护和优化经济发展的功能。改变传统的环境治理方式，对重要的生态系统实行休养生息。显著提高生态环境决策的科学化、精准化、法制化水平，最终要实现“既要金山银山，又要绿水青山”、人民满意的总目标。

10.3.2　战略目标

到 2025 年，主要污染物排放得到有效控制，环境安全得到有效保障。具体来讲，主要污染物排放得到有效控制，核和辐射安全得到有效监管，生态环境质量明显改善，基本解决城镇污染和工业污染，饮用水水源不安全因素基本消除，85%的城市空气环境质量达到二级以上，七大水系国控断面好于Ⅲ类的比例大于 80%，危害人体健康的突出环境问题（如细颗粒物、持久性有机物等）得到遏制，生态恶化趋势得到基本控制，生态系统服务得到提升，生态文明观念在全社会牢固树立。

到 2035 年，污染物排放总量得到全面控制，生态环境质量实现根本好转，美丽中国目标基本实现。全国水体基本消灭黑臭现象，农村污染、非点源、新型环境问题得到基本解决，饮用水水源、城市空气质量基本达到要求，生态系统结构趋于稳定，核与辐射安全水平总体达到国际水平，人体健康得到有效保障，文明健康、资源节约、环境友好的生产、生活方式在全国得到普及，生态环境与经济社会基本协调。

到 2050 年，美丽中国全面建成，实现环境质量与人民群众日益提高的物质生活水平相适应，与社会主义现代化强国相适应，全面进入生态文明时代。水环境质量得到全面改善，饮用水水源、城市空气质量达到发达国家环境质量标准水平，城乡环境公共服务实现均等化，农村环境质量根本改善，新型环境污染问题得到全面控制，新型环境问题得到全面解决，风险防范体系、国家生态环境保护综合决策机制和区域协调机制全面建立，政府、市场和公众合理分工的生态环境治理格局完全形成。

10.3.3　战略任务

（1）水环境

以水环境质量改善为主线，流域统筹、协同管理地表水与地下水、淡水与海水、大江大河与小沟小汊等各类水体，构建近期以水质改善为主、中远期面向水生态和健康风险的目标体系，统筹水污染防治、水资源利用、水生态保护，全面落实“河长制”、产业结构调整、“三源”治理、水生态修复、排污许可制度等任务，理顺水生态环境管理体制，推进水环境质量持续改善和水生态系统功能逐步恢复。

实施流域水环境综合管理制度，以水环境保护优化产业发展、城镇发展和资源开发利用。加大水污染防治投入和治理力度，有效控制主要污染物排放量，并逐步拓展总量控制范围，完善污染物排放总量控制制度。逐步改善流域水环境质量，维护和恢复水生态系统健康，全面构建水环境安全的生态空间格局。完善水环境保护相关法律法规和标准规范，提高环境监督执法、监控预警和风险管理能力，增强公众的水环境保护和节约意识，促进流域可持续发展，支撑美丽中国建设目标的实现。

（2）大气环境

以全面和有效改善全国大气环境质量为目标，以削减各类细颗粒物、二氧化硫、氮氧化物和挥发性有机物等大气污染物排放量为主线，以控制细颗粒物为重点，以环境质量倒逼总量减排、以总量减排倒逼经济转型，坚持政府调控与市场调节相结合、全面推进与重点突破相配合、区域协作与属地管理相协调，形成政府统领、企业施治、市场驱动、公众参与的污染防治机制，实施分区域、分阶段治理，在我国经济社会较快发展的进程中保障人体健康和大气环境安全。

一是以质量改善为导向，全面系统施治。以大气环境质量改善为根本目标，将质量改善结果作为评判一切大气环境保护工作的最终标尺，将改善大气环境质量贯穿到大气环境管理工作各领域。统筹运用结构优化、源头治理、达标排放、多污染物协同控制、重污染天气应急等多种手段，系统促进大气环境质量改善。

二是实施分区管理，分类分时施治。加强大气污染来源解析，坚持源头防治，提高治理措施的针对性和有效性，实现精准治污；对不同地区、不同污染源、不同污染物、不同季节制定差异化管理措施，靶向施策，重点防控，提升大气环境管理的精细化水平，降低成本、提高效率。

三是强化改革创新，坚决依法治污。以改善大气环境质量为导向，改革大气环境管理制度，建立系统规范的约束激励机制。加强环境立法、司法与执法，用最严格的制度与最严密的法治保护大气环境，做到源头严防、过程严管、后果严惩。

四是建立分级管理体系，推进全民共治。明确中央、地方各级党委和政府大气环境保护事权，建立国家、省、城市三级大气环境质量管理体系，切实落实地方党委和政府大气环境质量管理职责。严格执法监管，强化企事业单位主体责任。引导公众参与，营造有利于大气污染防治的社会氛围。

（3）土壤环境

针对土壤污染防治工作面临的严峻形势，未来需要实施土壤修复工程，严格环境风险管控，同时统筹把握好发展与保护的关系，争取在2035年前后农用地和建设用地土壤环境安全得到有效保障，土壤环境风险得到全面管控。土壤污染防治工作坚持打基础、建体系、守底线、控风险。我国土壤污染防治尚处于起步阶段，当前应坚持有限目标、预防为主、保护优先，着力探索土壤环境管理模式，健全管理制度，提升管理能力，牢固树立以风险管控为主线的土壤污染防治思路。

要全面摸清我国土壤环境状况，逐步建立土壤环境保护政策、法规和标准体系。以保障人体健康、农产品安全、生态安全为目标，确定土壤环境保护优先区域，构建我国土壤环境敏感区和土壤环境综合治理格局。强化污染土壤环境风险控制，构建适合我国国情的土壤环境保护支撑技术体系。

加快土壤环境保护工程建设，实施土壤污染综合治理与修复示范工程，提升土壤环境监管能力。

（4）固体废物

以减量化、资源化、无害化为主线，推动工业固体废物、危险废物和生活垃圾源头减量。研发关键技术和设备，建立相关配套政策，全方位提高固体废物资源化水平。推进危险废物集中处理设施、生活垃圾处理设施、城市矿产示范基地等基础设施建设，推动建设资源节约型、环境友好型社会。

大力推进清洁生产与固体废物减量化。国家制定激励与惩罚政策鼓励企事业单位、家庭减少固体废物产生量；选择重点行业和有条件的城市开展危险废物减量化试点工作。落实生产者责任延伸制度，开展工业产品生态设计，减少有毒有害物质使用量。在重点危险废物产生行业和企业中，推行强制性清洁生产审核。推动工业固体废物管理和信息交换平台建设，加强企业间、地区间和社会性的废物循环利用和高效利用。针对新出现的社会源废物、产品类废物，如电子废物、包装废物等，鼓励生产企业开展产品生态设计，避免产品使用过度包装，提高固体废物在生产过程中的技术水平，淘汰落后的生产工艺和设备，采用清洁生产技术，从而从源头上减少废物的产生量。

进一步推动大宗工业固体废物资源化水平。针对煤矸石、粉煤灰、工业副产石膏、冶炼和化工废渣等大宗工业固体废物，国家应通过处理补贴等财政形式大力支持开展利用大宗工业固体废物制备建筑材料等研究，支持具备资源利用效率高、科技含量高、经济、社会环境效益好的开发利用技术及装备的研发，并开展工程示范。国家应制定相关激励政策和强制性措施，鼓励固体废物资源化产品的使用，并尽快推动固体废物资源化产品相关环境安全标准研究制定工作。

推进生活垃圾分类回收，促进资源化利用。建立健全生活垃圾分类回收法律法规，将分类收集设施作为城市基础设施，完善分类回收、密闭运输、集中处理体系，加强设施运行监管。加强对生活垃圾分类回收的宣传教育。鼓励垃圾厌氧制气、焚烧发电和供热、填埋气发电、餐厨废弃物资源化利用，研发关键技术及设备，促进产业化应用。

加强危险废物基础设施建设，提高集中处理水平。进一步落实《全国危险废物及医疗废物集中处理设施建设规划》，加快建设综合性危险废物集中处置设施，推动其尽快投入运行，带动危险废物处置产业发展。

（5）农村环境

从统筹城乡发展入手，建立包括统筹城乡发展、构建城乡空间结构、促进农村经济增长方式的根本转变，构建农村集约高效生产空间、推动农民生活方式转变，构建宜居适度生活空间和深化生态文明建设，构建山清水秀的生态空间等四个层面构成的相互协调、有机联系的能主动引导国家农村发展的生态环境保护总体战略。

（6）环境风险与健康

采取“预防为主，防治结合”的工作思路，注重环境风险和环境健康风险的评价和控制，以识别环境风险和人群健康风险较大的重点环境污染领域为基础，以重点污染领域中的重点环境污染物的总量控制为约束，以工程、技术、法律、政策等手段的综合运用为途径，以环境风险和人群健康风险降低为指导和最终目标，建立基于人群健康的环境风险与健康战略目标和指标体系，推动环境风险与健康战略方向向环境污染治理和环境风险评价及环境健康风险评价并重转变。

（7）国际环境

坚持人类命运共同体，统筹国际、国内两个大局，坚持既要服务政治外交大局和环保中心工作，又要积极融入其中，真正实现三个方面的转变，即由侧重强调“有区别的责任”原则，向既坚持“有区别的责任”，又重视“共同的责任和义务”的方向转变，把做好自身生态环境工作与维护全球生态安全有机结合起来；由过去被动应对全球环境问题带来的各种压力，向积极参与、推动国际环境规则和治理体系更加公平、公正的方向转变；由强调争取环境与发展援助，向既要继续引进资金和技术，又要提倡“相互帮助、协力推进”，为其他发展中国家提供力所能及援助的方向转变。

10.4 夯实建设美丽中国的环保产业基础

10.4.1 激发市场需求，扩展产业发展空间

以实施节能环保和资源循环利用重大工程、推广绿色产品、培育绿色消费习惯等方式，有力刺激市场对节能环保产品和服务的需求，全面扩展产业发展空间。

实施节能环保和资源循环利用重大工程。在钢铁、有色金属、石化、建材等高耗能行业实施系统节能改造。加强基础设施建设，增加清洁能源供给和使用，大力推进煤炭清洁化利用。

实施工业污染源全面达标排放重点工程和落实大气、水、土壤污染防治三个行动计划环境治理保护重点工程、山水林田湖草生态保护工程及危险废物防治等环保重大工程。

推进国家级和省级园区循环化改造，推动大宗废弃物和新型废弃物的综合利用。完善绿色产品推广机制。健全绿色产品和服务的标准体系，建立统一的绿色产品认证、标识等体系。

全面推行绿色办公，严格落实有利于生态环境的政府优先采购和强制采购制度。培育绿色消费文化。

开展全民绿色教育，引导消费者主动选择和消费绿色产品。大力推广绿色低碳出行，倡导绿色生活和休闲模式。推进绿色家庭、绿色社区建设。

10.4.2　创新服务模式，提高服务专业水平

深入推进节能环保服务模式创新，培育新业态，拓展新领域，凝聚新动能，提高服务专业化水平，充分激发节能环保市场活力。

大力发展节能节水服务。创新合同能源管理服务模式，健全效益分享型机制，推广能源费用托管型、节能保证型、融资租赁型等商业模式。支持开展节能咨询、评估、监测、检验检测、审计、认证等服务；鼓励节能服务公司整合上下游资源，为用户提供诊断、设计、融资、建设、运营等合同能源管理“一站式”服务，推动服务内容由单一设备、单一项目改造向能量系统优化、区域能效提升拓展。

开展环境污染第三方治理。开展小城镇、园区环境综合治理托管试点与环境服务试点，鼓励地方政府采取环境绩效合同服务模式引入服务商，推行环境治理整体式设计、模块化建设、一体化运营。创新排污企业第三方治理机制，鼓励电力、化工、钢铁、采矿、纺织、造纸、畜禽养殖等行业企业将环境治理业务剥离并交由第三方治理。

发展环境监测和咨询服务。引导社会环境监测机构参与污染源监测、环境损害评估监测、环境影响评价监测等环境监测活动。对公共环境监测数据，逐步推行以政府购买服务的方式取得。评估社会环境监测机构的业务水平。强化对社会环境监测机构事中和事后监管，逐步纳入执法监管体系，推动环境监测服务社会化工作的制度化、体系化、规范化。推动环境调查、环境风险评价、环境规划、环境影响评价、环境监理等环境咨询服务水平提高。

创新资源循环利用服务。推广再生资源“互联网+回收”新模式，充分发挥互联网在逆向物流回收体系中的平台作用。鼓励选矿单位与尾矿资源化利用企业加强合作，开展尾矿库专业化委托管理服务，建立尾矿管理与综合利用相衔接的治理模式。推广秸秆的第三方收贮运模式，提高农林剩余物回收率，促进高值化利用。

10.4.3　加强执法监管，优化产业发展环境

发挥市场的决定性作用，加强规范引导，拓展市场空间，建立统一开放、竞争充分、规范有序的市场体系，营造有利于产业提质增效的市场生境。

加强监管和严格执法。严格落实企业和各级政府的法定责任，依法严厉打击各类环境违法行为，提高违法者成本。强化节能环保的行业监管，清理废除地方自行制定的影响统一市场形成的限制性规定，打破地方保护和行业垄断，促进公平竞争。注重运用节能环保标准、技术规范等手段推进环保产业发展。建立健全节能环保标准体系，加快制修订一批强制性能效标准、能耗限额标准和污染

物排放标准，提高产品标准中的节能环保技术要求。优化、简化节能环保项目行政事项审批流程，深入推进商事制度改革，强化对节能环保项目的环境绩效管理。推进监管方式创新，加快推进节能环保数据的开放、开发，鼓励各地区各部门依托大数据、云计算、物联网等信息化手段，探索实行“互联网+监管”等新模式，实现放权到位、接住管好的“制度+技术”有效监管。加强信用体系建设与信息公开。建立严重违法失信的市场主体的信用记录，纳入全国信用信息共享平台。依法公开重点用能单位节能目标责任考核和国家重点监控企业污染源监测结果，鼓励公众监督企业环境行为。

10.4.4 加大扶持力度，激发市场主体活力

加强财税价格金融等政策的引导支持，依托国家重大对外战略拓展国际合作，培育高素质人才队伍，为产业发展提供有力保障。一是加大财税和金融政策支持。继续利用中央预算内投资对节能环保产业给予支持，鼓励地方政府安排财政专项资金支持和引导节能环保产业发展。落实节能环保产业税收优惠政策，修订完善节能节水、环境保护专用设备企业所得税优惠目录，落实资源综合利用产品的增值税优惠政策。深化资源环境价格改革，完善资源环境价格机制。二是发展绿色金融。鼓励各类金融机构加大绿色信贷发放力度，鼓励银行业金融机构将碳排放权、排污权、合同能源管理未来收益、特许经营收费权等纳入贷款质押担保物范围，推广融资租赁等新型融资方式。鼓励银行和企业发行绿色债券，鼓励对绿色信贷资产实行证券化。在环境高风险领域建立环境污染强制责任保险制度。支持设立市场化运作的各类绿色发展基金。三是加强国际合作。依托“一带一路”建设、国际产能合作，推进节能环保产品和服务“走出去”。实施高水平“引进来”，积极引进境外节能环保产业投资、先进技术、管理理念和商业模式。积极参与国际节能环保标准制修订，加强重点领域节能环保标准与国际标准接轨，推动与主要贸易国建立节能环保标准互认机制。

10.5 构建美丽中国的现代生态文明治理体系

党的十八大将生态文明建设纳入“五位一体”总体布局之中，党的十八届三中全会将“完善和发展中国特色社会主义制度、推进国家治理体系和治理能力现代化”作为全面深化改革的总目标。治理体系和治理能力是衡量一个国家文明层次的重要指标，生态文明治理体系与治理能力是国家治理体系和治理能力的重要组成部分，是生态文明建设的重要突破口。党的十八大以来，党中央、国务院先后出台了一系列重大决策部署，生态文明体制改革的“四梁八柱”逐步确立，推动生态文明建设取得了重大进展和积极成效，积累了许多成功的经验。但总体上看，我国生态文明建设水平仍然滞后于经济社会发展，制度建设的系统性和完整性问题依然存在，制度执行能力不足，对生态文

明建设的制约作用也日益凸显。厘清我国生态文明治理体系和治理能力现代化的概念与内涵，总结当前生态文明治理体系和治理能力存在的问题和制约因素，明确生态文明治理体系和治理能力需要坚持完善、改革创新的关键领域，是加快生态文明治理体系和治理能力现代化的迫切需求。

10.5.1 什么是生态文明治理体系与治理能力现代化

治理（governance）概念原意是控制、引导和操纵，是指在特定范围内行使权威。它隐含着一个政治进程，即在众多不同利益共同发挥作用的领域建立一致或取得认同，以便实施某项计划，治理是一种公共管理活动和公共管理过程，它包括必要的公共权威、管理规则、治理机制和治理方式。

党的十九届四中全会对“坚持和完善中国特色社会主义制度、推进国家治理体系和治理能力现代化”作出重大战略部署，全会通过的《关于坚持和完善中国特色社会主义制度 推进国家治理体系和治理能力现代化若干重大问题的决定》提出，“坚持和完善生态文明制度体系，促进人与自然和谐共生”。由此可见，坚持和完善生态文明制度体系、推进生态文明治理体系和治理能力现代化，是坚持和完善中国特色社会主义制度、推进国家治理体系和治理能力现代化的一项重要内容和有机组成部分。

关于国家治理体系的概念，习近平总书记在“切实把思想统一到党的十八届三中全会精神上来”的重要讲话中指出：“国家治理体系是在党领导下管理国家的制度体系，包括经济、政治、文化、社会、生态文明和党的建设等各领域体制机制、法律法规安排，也就是一整套紧密相连、相互协调的国家制度；国家治理能力则是运用国家制度管理社会各方面事务的能力，包括改革发展稳定、内政外交国防、治党治国治军等各个方面”。国家治理体系和治理能力是一个有机整体，两者相辅相成，有了良好的国家治理体系，才能提高国家的治理能力；反之，只有提高国家治理能力，才能充分发挥国家治理体系的效能。

关于生态文明治理体系和治理能力的概念，我们认为，生态文明治理体系是指在党的领导下管理生态文明领域国家治理参与主体的一整套紧密相连、相互协调的体制机制和法律法规安排，包括治理主体、治理机制和治理手段三方面，是一个有机、协调和弹性的综合运行系统，其核心是健全的制度体系，包括治理体制、机制、技术等因素所构成的有机统一体。生态文明治理能力是指由党和政府、企业、社会组织、公众等组成的参与主体，运用生态文明制度体系，妥善处理生态文明领域问题，实现美丽中国目标的本领和水平，生态文明建设制度的核心执行能力，不仅包括政府提供生态环境公共服务产品及监督管理的主导能力，也包括企业等市场主体落实生态环境责任的行动力，以及社会组织和公众的参与意识与行为能力。推进生态文明治理体系和治理能力现代化，就是生态文明治理体系和治理能力适应时代变化、不断发展的过程。

一个运转良好的现代生态文明治理体系应当具有以下基本特征：一是生态文明治理理念的现代化，包括理念的先进性、战略性和前瞻性，理念的包容性和共享性，理念的根植性和开放性。二是生态文明治理结构系统的现代化，包括治理主体（政府、企业、公众）框架合理、权力界限清楚明晰、制衡机制科学有效。三是生态文明制度体系现代化，包括制度体系规范化、高效化和法治化。四是生态文明治理能力现代化，包括治理主体多元化和治理步调协调化，治理成本最小化和治理效果最大化，治理工具手段技术化和治理水平科学化，治理机制市场化和治理理念社会化等。

10.5.2 生态文明制度体系建设的重大创新与进展

（1）创立了习近平生态文明思想，这是生态文明制度体系建设的思想源泉

全国生态环境保护大会确立了系统完整的习近平生态文明思想，是习近平新时代中国特色社会主义思想的重要内容，是马克思主义在中国的生动实践及对社会主义理论的重大贡献，是建立和完善生态文明制度的根本遵循。习近平生态文明思想确立的历史观、自然观、发展观、民生观、系统观、法治观、行动观、共赢观，既是认识人类与环境的世界观、价值观，也是开展制度建设的系统观、方法论，为我国新时代推进生态文明、加强生态环境保护，开展制度体系建设提供了思想武器、方向指引、根本遵循和强大动力。

（2）不断完善生态文明制度体系，这是中国特色社会主义制度建设的重大创新

一是大力推进生态文明体制改革与生态环境制度建设，自然资源资产产权、国土开发保护、空间规划体系、资源总量管理和节约、资源有偿使用和补偿、环境治理体系、生态文明绩效评价考核和责任追究等一批具有标志性、支柱性的改革举措陆续推出，“四梁八柱”制度体系加快完善。

二是有序推进机构改革，形成更加强有力的政策制度制定与执行载体，省以下生态环境机构垂管等改革举措陆续“登台”，组建生态环境部，统一行使生态和城乡环境各类污染物排放监管与行政执法职责，加强政策规划标准制定、监测评估、监督执法、督察问责“四个统一”。在解决区域性、流域性、跨部门等问题上，也不断优化机构设置，设立京津冀及周边地区大气环境管理局，成立七大流域（海域）生态环境监督管理局，在解决长期以来区域、流域、海域生态环境监管职责交叉、多头管理问题上实现新的突破。

三是强化生态环境法治建设，积极推进生态环境执法改革，组建生态环境保护综合执法队伍，强化生态环境监管职责。

四是生态文明建设目标评价考核、生态环境损害责任追究、生态环境监测数据质量管理、排污许可、河（湖）长制、环境保护税等制度政策深入推进，全面提升生态文明建设，推动我国生态环境保护乃至生态文明建设从实践到认识发生了历史性、转折性、全局性变化。

（3）生态文明制度体系建设取得的经验

我国生态文明建设和生态环境保护，是中国特色社会主义制度下绿色发展道路的成功实践，也为世界广大发展中国家和地区实现绿色可持续发展提供了经验借鉴，贡献了中国智慧、中国方案。

一是坚持以习近平生态文明思想为指引。习近平生态文明思想是习近平新时代中国特色社会主义思想的重要组成部分，既是重要的价值观又是重要的方法论，还是做好生态环境保护工作的定盘星、指南针和金钥匙，必须切实用以武装头脑、指导实践、推动工作。

二是坚持以人民为中心。一方面，为了人民，把解决突出生态环境问题、改善生态环境质量作为民生优先领域，不断满足人民日益增长的优美生态环境需要；另一方面，依靠人民，将人民来信来访和投诉作为精准发现生态环境问题线索的"金矿"，让人民群众成为我们监督力量的一部分，打一场污染防治攻坚的人民战争。

三是坚持落实"党政同责、一岗双责"。坚持党的领导，集中精力干大事，干实事，各地区各部门坚持"四个意识"，坚决维护党中央权威和集中统一领导，坚决担负起生态文明建设的政治责任，全面贯彻落实党中央决策部署，取得扎实显著的成果。

四是坚决打好污染防治攻坚战，深入实施大气、水、土壤污染防治三大行动计划，全面打赢蓝天保卫战、柴油货车污染治理、城市黑臭水体治理等污染防治七大标志性战役，我国成为世界上第一个大规模开展 $PM_{2.5}$ 治理的发展中大国，形成了全世界最大的污水处理、垃圾处理能力，生态环境质量持续改善，人民群众的获得感、幸福感和安全感不断增强。

五是以五大发展理念为指导，使现代化高质量发展体系逐步完善，产业结构不断得到优化，绿色产业得到大力发展。党的十八大以来，产业绿色发展实现了创新升级与调整改造并重，淘汰了一大批落后过剩产能，钢铁、有色金属、水泥、焦化、石化、化工等重点行业推广采用了一大批先进、适用的清洁生产技术和装备，产业结构偏重、产业布局偏乱、能源结构偏煤、交通结构偏路的局面快速改善，经济高质量发展日益增效。绿色技术创新成为绿色转型的新引擎，一批优势领域、关键技术获得重大突破，开发了一批带动产业绿色发展的核心技术，建立一批国际领先的低碳、生态、节能的绿色工程，形成了一批自主可控的绿色产业体系，推动了部分产业迈向全球产业链的中高端。

六是坚持落实"六个做到"。做到稳中求进，既打攻坚战，又打持久战；做到统筹兼顾，既追求生态环境效益，又追求经济效益和社会效益；做到综合施策，既发挥好行政、法治手段的约束作用，又发挥好市场、技术手段的支撑保障作用；做到两手发力，既抓宏观，强化顶层设计、政策制定和统筹指导，又抓微观，通过强化监督等推动落实；做到点面结合，既整体推进，又力求重点突破；做到求真务实，既妥善解决历史遗留问题，又攻坚克难夯实基础工作，确保攻坚战实效得到人民认可、经得起历史检验。

七是在行政体系中建立通畅的压力传导机制，创新建立了中央环保督察加大强化帮扶、统筹强化监督等专项督查的长效监督机制，有力推动落实“党政同责”“一岗双责”，充分发挥迅速统一思想、聚焦重点问题、集中力量办大事的党政领导优势。

八是努力构建生态文明，建设全社会共同参与、共同建设、共同享有的伟大事业，通过政策导向、经济激励、宣传感化等综合性措施，将建设美丽中国转化为全体人民的自觉行动，每个人都是生态环境的保护者、建设者、受益者，增强全民节约意识、环保意识、生态意识，培育生态道德和行为准则，开展全民绿色行动，动员全社会以实际行动减少能源资源消耗和污染排放，为生态环境保护作出贡献。

10.5.3 生态文明治理体系与治理能力现代化仍存在的短板

在党中央的坚强领导下，经过各级政府、各部门、社会各界的共同努力，我国生态文明治理体系与治理能力现代化建设取得了重要进展，打好污染防治攻坚战取得重要成效，全面建成小康社会的奋斗目标预计能够圆满完成。

但与此同时，我们看到，我国生态文明治理体系与治理能力还有许多需要改革完善、补短板的地方：一是更加深入贯彻习近平生态文明思想，“党政同责”“一岗双责”的政治责任还需加强。二是加强生态文明建设，继续坚持打好污染防治攻坚战、保持久久为功的战略定力还需加强。三是坚持环境与经济协同治理，实现产业优化升级、区域协调发展、城乡均衡发展的制度及技术创新能力还需加强。四是加强废弃物管理，提高废弃物资源综合利用效率，建设清洁低碳、安全高效的资源能源利用体系亟须加强。五是落实“绿水青山就是金山银山”理论，更好地坚持和完善生态产品转化机制和能力建设还亟须加强。

10.5.4 生态文明治理体系与治理能力现代化的建设重点

深入贯彻习近平生态文明思想，牢固树立绿色发展理念，以强化政府主导作用为关键，以深化企业主体作用为根本，以更好动员社会组织和公众共同参与为支撑，实现政府治理和社会调节、企业自治良性互动，完善体制机制，强化源头治理，形成工作合力，为推动生态环境根本好转、建设生态文明和美丽中国提供有力制度保障。

（1）坚持和完善生态文明治理体系现代化的关键领域

党的十八届三中全会提出，“必须建立系统完整的生态文明制度体系，实行最严格的源头保护制度、损害赔偿制度、责任追究制度，完善环境治理和生态修复制度，用制度保护生态环境”。2015

年9月，中共中央审议通过的《生态文明体制改革总体方案》提出，构建“由自然资源资产产权制度、国土空间开发保护制度、空间规划体系、资源总量管理和全面节约制度、资源有偿使用和生态补偿制度、环境治理体系、环境治理和生态保护市场体系、生态文明绩效评价考核和责任追究制度等八项制度构成的产权清晰、多元参与、激励约束并重、系统完整的生态文明制度体系”，形成了生态文明治理体系的基本框架。党的十九届四中全会将生态文明制度体系建设作为“中国特色社会主义制度”和“国家治理体系和治理能力现代化”总体框架中不可分割的重要有机组成部分，《关于坚持和完善中国特色社会主义制度 推进国家治理体系和治理能力现代化若干重大问题的决定》从实行最严格的生态环境保护制度、全面建立资源高效利用制度、健全生态保护和修复制度、严明生态环境保护责任制度四个方面，对建立和完善生态文明制度体系，促进人与自然和谐共生做出安排部署，进一步明确了生态文明建设最需要坚持与落实的制度、最需要建立与完善的制度，这是党中央对新时期发展环境变化进行深入研判下的顶层部署，为加快健全生态文明制度体系提供了方向指引和根本遵循。构建现代生态文明治理体系，要重点坚持和完善以下几个方面。

坚持实行最严格的生态环境保护制度。习近平总书记在全国生态环境保护大会上指出：“用最严格制度、最严密法治保护生态环境，加快制度创新，强化制度执行，让制度成为刚性的约束和不可触碰的高压线。”要坚持人与自然和谐共生，坚守尊重自然、顺应自然、保护自然，健全源头预防、过程控制、损害赔偿、责任追究的生态环境保护体系。要加快建立健全国土空间规划和用途统筹协调管控制度，优化国土空间布局，统筹划定落实好生态保护红线、永久基本农田、城镇开发边界等空间管控边界以及各类海域保护线，强化底线约束，注重战略留白，为可持续发展留足空间。要完善绿色生产和消费的法律制度和政策导向，包括绿色生产和消费的法律、法规、标准、政策等。加快建立以排污许可证为核心的固定污染源监管制度体系，完善污染防治区域联动机制和陆海统筹的生态环境治理体系，推进农业面源污染防治和农村人居环境整治，不断提高生态环境治理水平。完善生态环境保护法律体系和执法司法制度，形成最严格的生态环境保护态势。

坚持实行资源节约、高效利用制度。习近平总书记指出：“良好的生态本身蕴含着无穷的经济社会价值，能够源源不断地创造社会综合效益，实现经济社会可持续发展。”要充分利用空间信息、人工智能、大数据等现代技术手段，推进自然资源统一确权登记法治化、规范化、标准化、信息化。要健全自然资源产权制度，落实资源有偿使用制度，加快建立健全充分反映市场供求和资源稀缺程度、体现生态价值和环境损害成本的资源环境价格机制，促进资源节约和环境保护。实行资源总量管理和全面节约制度，继续开展能源、水资源、建设用地总量和强度双控行动。健全资源节约循环利用政策体系。在全国层面，普遍实行垃圾分类和资源化利用制度。推进能源革命，有序发展太阳能、风电、水电、生物质发电等可再生能源，构建清洁低碳、安全高效的能源体系，大幅减少化石能源使用。健全海洋资源开发保护制度，实施海洋主体功能区制度。加快建立自然资源统一调查、评价、监测制度，形成协调有序的自然资源调查监测工作机制。

健全生态保护与修复制度。山水林田湖草是一个生命共同体、是一个完整的体系，普遍联系、相互依存，其生态修复核心就是要使生态系统恢复自我运行。要统筹山水林田湖草一体化保护和修复，深化国家山水林田湖草生态保护修复工程试点。健全国家公园保护制度，构建以国家公园为主体的自然保护地体系试点，加强对森林、草原、河流、湖泊、湿地、海洋等自然生态的保护，加强对重要生态系统的保护和永续利用。全面推行河长制，严守水资源开发利用控制、用水效率控制、水功能区限制纳污“三条红线”，加快推进水污染治理、水生态修复和水资源保护“三水共治”，加强长江、黄河等大江大河生态保护和系统治理。要继续开展大规模国土绿化提升行动，加快水土流失和荒漠化、石漠化的综合治理，保护生物多样性，禁止围填海，筑牢生态安全屏障。

完善生态环境保护责任制度。坚持和完善生态文明制度体系，责任落实是重要保障。要建立生态文明建设目标评价考核制度，强化环境保护、自然资源管控、节能减排等约束性指标管理。要加快实施《中央和国家机关有关部门生态环境保护责任清单》。严格落实企业主体责任和政府监管责任，构建明责、履责、督责、问责的责任链条。继续开展领导干部自然资源资产离任审计，以严格的考核倒逼责任落实，增强推进生态文明建设的自觉性和主动性。要健全生态环境监测和评价制度，完善生态环境公益诉讼制度，落实生态补偿和生态环境损害赔偿制度，实行生态环境损害责任终身追究制。推进生态环境保护综合行政执法，继续开展中央生态环境保护督察、生态环境保护专项督查和专项整治行动，形成生态环境齐抓共管的大格局。

（2）提升和创新生态文明治理能力现代化的关键领域

习近平总书记指出，“制度的生命力在于执行。要强化制度执行力，加强制度执行的监督，切实把我国制度优势转化为治理效能”。坚持和完善生态文明制度体系、推进生态文明治理体系和治理能力现代化，不仅要建立完善制度体系，还要在提高制度执行力上下工夫，使制度执行能够更加有效、更加透明、更加公平。应当强化党的领导和政府决策能力、充分发挥市场配置资源的决定性作用，充分调动人民群众参与生态文明建设的积极性，促进生态文明治理科学化、法治化。

提升党对生态文明建设的领导能力。党的领导是加强生态环境保护、打好打赢污染防治攻坚战的根本政治保证，要充分发挥党总揽全局、协调各方的作用。深入贯彻习近平生态文明思想，对于生态文明建设而言，习近平生态文明思想既是重要的价值观又是重要的方法论，是生态文明治理能力现代化最根本的理念引领，必须切实用以武装头脑、指导实践、推动工作。要严格落实“党政同责、一岗双责”，明确地方各级党委和政府要对本行政区域的生态环境保护工作及生态环境质量负总责；制定落实生态环境保护责任清单，管发展的、管生产的、管行业的，都要按“一岗双责”的要求管好环保，将“小环保”真正转变为“大环保”。要建立科学的政绩观，发挥绿色 GDP、绿色发展指标在干部选拔任用中的“指挥棒”作用。重点选拔任用具备较强的生态文明治理能力、责任心和执行力的优秀干部，全面推进新时代生态文明建设。

提升政府生态文明决策执行能力。在新形势下，资源、生态、环境面临多领域、多类型、多层面问题的累积叠加，实现生态环境质量根本改善目标的任务复杂艰巨，这给政府及时发现、有效应对和解决生态环境问题的能力带来了重大挑战。各级党委、政府要坚决维护生态环境法律和制度权威，强化制度执行。要不断增强学习新知识、掌握新本领的自觉性和紧迫感，增强系统决策、科学决策、综合决策、民主决策、依法决策的意识和能力。要加快建立重要环境法规、规划、标准和政策的评估制度，在制定和出台相关环境政策和文件时，原则上均应开展费用效益和经济社会分析，特别是要对可能产生的负面影响等开展第三方评估。决策一旦下去，就要抓落实，要把抓落实作为开展工作的主要方式。

提升生态文明依法治理能力。良法是善治的前提、基础和路径，推进生态文明建设，离不开法治的引领和推动力。要从立法、执法、司法角度，不断完善生态文明法治体系。完善生态文明法治体系，根据生态文明建设的总体要求，重新审视我国现行的环境与资源保护法律体系，研究制定生态文明促进法，推进区域、流域生态环境保护立法。通过举办培训、开展咨询、组织专家制定地方立法模板等方式提高地方生态环境保护立法能力。落实深化生态环境保护综合行政执法改革的指导意见，加强生态环境保护综合执法队伍建设，打造一支有法必依、执法必严、违法必究的生态环境执法队伍。强化基层一线生态环境监管执法能力，推进执法重心和人员配置向区、街镇下沉，探索不同乡镇农村生态环境监管体制与模式。充分发挥行政审判、环境资源审判职能作用，为生态环境保护修复、绿色发展提供更加优质高效的司法服务和保障。

提升生态文明科学精准治理能力。当代科学技术的发展已经进入信息化时代，推进现代化治理工具、智慧感知手段和大数据的运用进行生态文明建设和生态环境治理，是实现生态文明治理能力现代化的重要途径。习近平总书记明确指出，“要运用大数据提升国家治理现代化水平”“要建立健全大数据辅助科学决策和社会治理的机制，推进政府管理和社会治理模式创新”。加快实施生态环境治理“智慧大脑”工程，全面提升生态环境科学精准治理水平。优化布设大气、地表水、地下水、饮用水、海洋、土壤、生态等监测网点和设施，加快建立污染源自动监控联网系统，充分运用科技手段，着力打造全面感知、实时监控、天地海一体化的生态环境智慧监测系统，加强网格化监控、自动监控、卫星遥感、无人机、云计算、人工智能、5G 通信、生物传感器等先进技术应用。加强生态环境预测、预报、预警，提升环境风险事件应急装备水平和处置能力。创新“智慧执法”新模式，提高环境监管执法精准度。实施生态文明治理大数据工程，全面建设“数字政府”，推进生态文明数据资源整合共享，提升生态环境形势分析与科学决策水平。针对当前生态环境问题面临的“瓶颈”和重大科技需求，继续实施重大水专项、大气专项、总理基金、长江经济带驻点等科技工程。

提升生态文明建设基础保障能力。俗话说“基础不牢，地动山摇”。要实现生态文明治理体系与治理能力现代化，必须“固本强基”，加强污水、垃圾、人才等基础保障能力建设。一是城镇污水处理设施提升工程。重点针对管网短板，按照污水管网全覆盖、全收集、全处理要求，加大进水浓度偏低的污水处理厂覆盖范围内的管网建设力度，实现雨污分流、管网数量及质量提升、初期雨水处理、污泥无害化处理及安全利用等。二是固体废物处理设施提升工程。新冠肺炎疫情的暴发对固体废物，尤其是危险废物、医疗废物、生活垃圾的分类、处理和相关的生态环境治理产生了额外的需求和压力，需要加快补齐医疗废物、危险废物收集处理设施方面的短板。三是人才队伍建设提升工程。针对生态环境人才队伍存在的突出问题，要以服务于污染防治攻坚战、推进美丽中国建设为目标，把思想政治建设摆在首位，稳步提高生态环境人才队伍数量，优化人才结构，提高环境监测、环境监察执法人才队伍的数量和覆盖面，提高县基层和少数民族、艰苦边远地区专业技术生态环境人才数量，加强生态环境专业技术人才队伍建设，大力培养选拔高层次领军人才和青年拔尖人才，完善生态环境人才选拔、培养、考核机制，建设一支政治强、本领高、作风硬、敢担当，特别能吃苦、特别能战斗、特别能奉献的生态环境保护铁军。

创新生态文明治理市场化能力。按照市场规律办事，将市场需求作为生态文明建设的出发点，是生态文明治理能力提升的重要保证。要更加注重运用市场手段保护生态环境。要明确政府和市场的边界，厘清政府行政监管和资产管理职能，进一步简政放权，深化“放管服”改革，减少政府对市场的干预。大力发展环保市场，加强多要素、重点行业领域的绿色治理工程技术创新能力，建立健全“污染者付费+第三方治理”等机制，创新生态环境治理模式和生态产品价值市场化转化机制。加强企业环境信用建设，完善企业环保信用评价制度，建立黑名单制度，建立完善企业环境信息披露制度。创新环境经济政策体系，积极推进排污权交易，推行节能量保证、碳排放权交易、水权交易等制度，完善促进生态环境保护的税收优惠政策，创新绿色金融政策，完善以政府为主导的生态保护补偿市场化机制和模式。

创新生态文明治理的公众参与能力。企业、社会组织和公众是生态文明建设的参与者、建设者和监督者，要把生态文明建设作为重要民生工程，大力加强新闻宣传和舆论引导，创新工作方式，引导全民参与、全民共享，凝聚全社会建设生态文明的强大力量。加强绿色化生产和生活方式的宣传引导，充分发挥大众传媒的作用，对企业和公众实施精准化宣传教育，倡导绿色低碳的生产和生活方式，正确引导企业和公众对生态环境问题的科学认识，着力营造生态文明建设靠大家、保护生态环境人人有责的文化氛围和绿色时尚。

生态文明治理是推进生态文明建设历史进程中一个全新的领域。推进生态文明治理体系与治理能力现代化，是加快建设生态文明、实现美丽中国目标的必然要求，需要深入、系统研究中国生态文明治理，发现并补足生态文明治理体系和治理能力短板，在此基础上推进构建现代生态文明治理体系，提升生态环境治理能力。纵观我国生态文明治理发展历程，可以看到我国生态文明制度体系不断完善，生态环境质量持续改善，生态文明治理取得明显成效。但在经济社会不断发展的现代化改革浪潮中，生态环境问题日趋复杂，治理难度成倍增加，对生态文明治理体系和治理能力提出了新的挑战。通过梳理总结我国生态文明治理体系和治理能力存在的问题与不足，本书指出了生态文明治理体系和能力现代化的关键领域，系统回答了应该坚持和完善什么制度体系，创新和提升哪些治理能力，旨在为推进我国生态文明治理体系和治理能力现代化提供参考与支撑。

参考文献

[1] 蒋洪强，王金南，张伟，等. 2011—2020 年非常规性控制污染物排放清单分析与预测研究报告[M]. 北京：中国环境科学出版社，2011.

[2] 蒋洪强，刘年磊，卢亚灵，等. 2012—2030 年我国四大区域环境经济形势分析与预测研究报告[M]. 北京：中国环境出版社，2013.

[3] 蒋洪强，祁京梅，于森，等. 全面建成小康社会的环境经济预测研究报告[M]. 北京：中国环境出版社，2015.

[4] 赵晶，倪红珍，陈根发. 我国高耗水工业用水效率评价[J]. 水利水电技术，2015，46（4）：11-15.

[5] 倪红珍，赵晶，陈根发，等. 我国高耗水工业用水效率区域差异与布局调整建议[J]. 中国水利，2017（15）：1-5.

[6] 邹庆荣，刘秀丽. 我国工业需水量预测模型研究及应用[J]. 数学的实践与认识，2015（13）：98-105.

[7] 吴芳，张新锋，崔雪锋. 中国水资源利用特征及未来趋势分析[J]. 长江科学院院报，2017（34）：39.

[8] 佟金萍，马剑锋，刘高峰. 基于完全分解模型的中国万元 GDP 用水量变动及因素分析[J]. 资源科学，2011，33（10）：1870-1876.

[9] 水利部. 2011—2016 年中国水资源公报[R]. 2012—2017.

[10] 工业和信息化部，水利部，国家统计局，全国节约用水办公室. 重点工业行业用水效率指南[R]. 2013.

[11] 工业和信息化部. 工业绿色发展规划（2016—2020 年）（工信部规〔2016〕225 号）[Z]. 2016.

[12] 王金南，张静，刘年磊，等. 基于 EKC 的全面小康中国与发达国家环境质量比较[J]. 中国环境管理，2016，8，44（2）：11-17，25.

[13] 陈健鹏. 污染物排放与环境质量变化历史趋势国际比较研究[M]. 北京：中国发展出版社，2016.

[14] 姚伟，李海波，王蓓蓓. 从东京都市圈看京津冀协同发展[J]. 环球市场信息导报，2015（20）：24-29.

[15] 黄泰岩，杨万东. 中国经济热点前沿 第 2 辑[M]. 北京：经济科学出版社，2005.

[16] 李纯，胥彦玲，袁汝兵. 京津冀协同视角下区域大气污染现状及综合防治研究[J]. 创新科技，2018，18（4）：14-18.

[17] 张乐. 中国长三角地区环境污染的现状及应对策略研究[J]. 科技视界，2016，163（4）：264-265.

[18] 黄宝荣，刘宝印，洪志生，等. 我国生态环境质量拐点综合研判[J]. 中国科学院院刊，2018，33（10）：76-86.

[19] 胡庆明. 中国将对使用新能源车船免征车船税[J]. 石油石化节能，2015， 53（7）：52.

[20] 贾美姿. 探索多元之路助力电动汽车加速“跑”[J]. 电力系统装备，2014（9）：45-46.

[21] 钱伟. 重点区域大气污染防治“十二五”规划[J]. 中国环保产业，2013（1）：4-18.

[22] 颜瑞，朱晓宁，张群. 京津冀钢铁行业废气排放现状及国内外比较研究[J]. 冶金经济与管理，2016（5）：27-32.

[23] 环境保护部. 环境保护部与 31 个省（区、市）签署大气污染防治目标责任书[EB/OL]. http://www.mee. gov.cn/gkml/sthjbgw/qt/201401/t20140107_266123.htm.

[24] 王金南，雷宇，宁淼. 实施大气污染防治行动计划：向 $PM_{2.5}$ 宣战[J]. 环境保护，2014，42（6）：28-31.

[25] 刘世锦. 中国经济增长十年展望（2014—2023）：在改革中形成增长新常态[M]. 北京：中信出版社，2014.

[26] 於方，王金南，曹东，等. 中国环境经济核算技术指南[M]. 北京：中国环境出版社，2009.

[27] 马国霞，於方，曹东，等. 中国农业面源污染物排放量计算及中长期预测[J]. 环境科学学报，2012，32（2）：489-497.

[28] 俞海，王勇. 中国污染物排放峰值的分析与预测[N]. 中国环境报，2016-12-01（3）.

[29] 刘亦文，胡宗义，文晓茜. 中国污染物排放强度的动态演进及空间收敛性研究[J]. 经济数学，2018，32（2）：37-43.

[30] 孙祥才. 畜禽养殖污染的经济分析及防控政策研究[D]. 长春：吉林农业大学，2017.

[31] 陆静良，赵显冲，汪晶. 典型农村城市耗水系数分析[J]. 地下水，2013，35（4）：157-158.

[32] 环境保护部. 规模畜禽养殖场污染防治最佳可行技术指南（试行）（HJ-BAT-10）[Z]. 2013.

[33] 环境保护部. 农村小型畜禽养殖场污染防治项目建设与投资指南[Z]. 2013.

[34] 沈丰菊，张克强，杨鹏. 农业废水处理工程技术评价指标体系构建与评价方法研究[J]. 农业环境与发展，2013，30（4）：45-49.

[35] 国家统计局. 中国统计年鉴[M]. 北京：中国统计出版社，2019.

[36] 国家信息中心. “十三五”时期能源消费总量及结构变化趋势预测[R]. 2016.

[37] 国土资源部. 中国矿产资源节约与综合利用报告（2015）[EB/OL]. http://www.mlr.gov.cn/xwdt/jrxw/ 201512/t20151217_1391988. htm.

[38] 国务院. 国家人口发展规划（2016—2030 年）. 2016.

[39] 国务院. 国务院关于实行最严格水资源管理制度的意见（国发〔2012〕3 号）[EB/OL]. http://www.gov.cn/zhuanti/2015-06/13/content_2878991.htm.

[40] 国务院. 中国 21 世纪议程——中国 21 世纪人口、环境与发展白皮书[M]. 北京：中国环境出版社，1994.

[41] 国务院新闻办公室. 中国的环境保护（1996—2005）[M]. 北京：外文出版社，2006.

[42] 环境保护部，国土资源部. 全国土壤污染状况调查公报[EB/OL]. http://www.gov.cn/foot/2014-04/17/ content_2661768.htm.

[43] 环境保护部，中国科学院. 全国生态环境十年变化（2000—2010 年）调查评估报告[M]. 北京：科学出版社，2016.

[44] 环境保护部. 2016 年中国环境状况公报[R]. 2017.

[45] 刘政. 变“污”为宝整县推进畜禽粪污资源化利用[N]. 中国改革报，2017-09-01（2）.

[46] 王浩. 城市化进程中水源安全问题及其应对[J]. 给水排水，2016，52（4）：1-3.

[47] 赵英民. 我国水土污染防治形势与对策[J]. 中国人大，2017（9）：46-51.

[48] 中国能源中长期发展战略研究项目组. 中国能源中长期发展战略研究（2030、2050）（综合卷）[M]. 北京：科学出版社，2011.

[49] 中石油经济技术研究院. 2050年世界与中国能源展望[R]. 北京，2017.

[50] 冯恺，金坦，逯元堂，等. 我国环境监管能力建设问题与建议[J]. 环境保护，2013，41（8）：44-46.

[51] 高世楫，李佐军，陈健鹏. 从“多管”走向“严管”——简政放权背景下环境监管政策建议[J]. 环境保护，2013，41（17）：31-33.

[52] 戈燕红，李玉金. 基于大数据架构的环境污染精准监测与决策平台的建设[J]. 广东化工，2017（11）：201-203.

[53] 蒋洪强. 加快推进重大政策和重大项目落地，确保生态环境质量总体改善——“十三五”生态环境保护规划解读[J]. 中国环境管理，2016，8（6）：9-11.

[54] 李月华. 基于WebGIS的环境监管云平台设计与建设[J]. 测绘与空间地理信息，2017（1）：121-124，127.

[55] 史玉成. 环境保护公众参与的理念更新与制度重构——对完善我国环境保护公众参与法律制度的思考[J]. 甘肃社会科学，2008（2）：157-160.

[56] 王金南，秦昌波，苏洁琼，等. 国家生态环境监管执法体制改革方案研究[J]. 环境与可持续发展，2015（5）：9-12.

[57] 吴舜泽，逯元堂，周劲松，等. 国家环境监管能力建设“十一五”规划中期评估[J]. 环境保护，2009，37（10）：11-13.

[58] 张其春. 大数据驱动政府环境监管转型及建设途径探讨[J]. 太原理工大学学报：社会科学版，2015（33）：60.

[59] 张巍，冯涛，朱锐，等. 智慧环保物联网监控应用与系统集成研究[J]. 环境与发展，2012，27（5）：194-197.

[60] 郑石明. 改革开放40年来中国生态环境监管体制改革回顾与展望[J]. 社会科学研究，2018，239（6）：33-40.

[61] 周劲松，吴舜泽，逯元堂，等. 国家环境监管能力建设“十一五”规划中期评估[C]. 中国环境科学学会学术年会，2009.

[62] 周适. 环境监管的他国镜鉴与对策选择[J]. 改革，2015（4）：60-70.

[63] 朱玲，万玉秋，缪旭波，等. 论美国的跨区域大气环境监管对我国的借鉴[J]. 环境保护科学，2010，36（2）：76-78.

[64] 张强，刘煜杰，张惠远，等. 生态文明治理能力建设路径分析[J]. 环境与可持续发展，2015，40（4）：10-14.

[65] 俞可平. 治理与善治[M]. 北京：社会科学文献出版社，2000.

[66] 全球治理委员会. 我们的全球支架[M]. 牛津：牛津大学出版社，1995.

[67] 习近平. 切实把思想统一到党的十八届三中全会精神上来[N]. 人民日报，2014-01-01.

[68] 俞可平. 论国家治理现代化[M]. 北京：社会科学文献出版社，2014.

[69] 沈佳文. 推进国家生态治理体系和治理能力现代化的现实路径[J]. 领导科学，2016（6）：7-8.

[70] 李娟. 中国生态文明制度建设 40 年的回顾与思考[J]. 中国高校社会科学，2019（2）：33-42.

[71] 本书编写组. 中共中央关于坚持和完善中国特色社会主义制度 推进国家治理体系和治理能力现代化若干重大问题的决定辅导读本[M]. 北京：人民出版社，2019.

[72] 徐玉生. 扎实推进生态文明制度体系建设[N]. 人民日报，2018-10-29.

[73] 陈硕. 坚持和完善生态文明制度体系：理论内涵、思想原则与实现路径[J]. 新疆师范大学学报（哲学社会科学版），2019，40（6）：18-26.

[74] 许光洪. 要坚持和完善生态文明制度体系[N]. 重庆日报，2019-12-12（04）.

[75] 胡进考. 论生态文明建设领域治理体系和治理能力现代化[J]. 长春市委党校学报，2014（6）：56-59.

[76] 王毅. 完善生态文明法治体系[N]. 经济日报，2014-12-02.

[77] 中央办公厅，国务院办公厅. 关于构建现代环境治理体系的指导意见[EB/OL]. [2020-03-03]http://www.gov.cn/zhengce/ 2020-03/03/content_5486380. htm.